基地社会・沖縄と
「島ぐるみ」の運動

B52撤去運動から
県益擁護運動へ

秋山道宏

八朔社

凡　　例

1.　本書における文献からの直接引用は，引用文の末尾に丸括弧で
著者，発表された年，引用文献の頁数を付す。筆者の責任におい
て文献を要約した場合にも同様の表記とする。文書資料において，
公刊されたものについては上記の文献と同様のものとし，それ以
外については脚注において典拠を示す。なお，引用文中の括弧
（［　］）内の記述は，筆者によるものである。
2.　参考文献については，その一覧を本書の最後に付し，引用文と
対応させている。
3.　文書資料からの引用の際，段落に変更のある箇所にはスラッ
シュ（／）を付した。また，新聞資料については，本論の内容に
応じてタイトルの必要な場合には，日付だけでなくタイトルも付
している。文書資料について，未公刊のものや所蔵場所が限定さ
れているものは，所蔵場所（公的機関の場合は資料コードも）を
示した。
4.　書籍および紙誌名については『　』で示し，論文については「　」
で示した。
5.　本文中において頻出語や団体名などを略記する場合は，その旨
を示した。
6.　本文中において取り上げた方々の名前については敬称を省いて
いる。

装幀：閏月社

はじめに

> 19日の爆発事故のさい死の恐怖にさらされた村民が避難していい
> のかどうかきいてきても "適当に判断して…" としか答えられない
> 村長，警察，消防署——そこに果たして政治があるというのかね。
> 私はたしかに政党人で，しかも保守系だが，なにもロボットではな
> い。村民に背は向けられないよ。B52 をどけるために効果があれば，
> 村民大会もやるし，ほかの集会にでも参加する。[1]

　冒頭に挙げた言葉は，B52 戦略爆撃機（以下，B52）[2]が 1968 年 11 月に爆発
炎上した際に，嘉手納村長であった古謝得善が発した言葉である。この時期
は，日本本土への復帰（沖縄返還）[3]が現実味を帯びていくなか，米軍基地や
日米安全保障条約への態度をめぐり，保守と革新との政治的な対立が沖縄社
会においても急速に浸透していった時期とされている。
　そのような歴史的背景もあって，古謝は，沖縄自民党という自らの政治的
な基盤を意識しつつ，「保守系」や「政党人」というアイデンティティを吐
露していた。だが同時に，そこでは，B52 爆発事故という村民の「生命」を
おびやかす出来事を前に，政治的な立場にしばられた「ロボットではない」
とし，B52 撤去のために直接行動も辞さないという姿勢を打ち出していたの
である。本書では，日本復帰（以下，復帰）直前の時期を対象に（1967 ～ 72
年），古謝の発言に象徴されるような保守や革新といった政治的立場に還元
できない人びとの「想い」や「葛藤」と，彼ら／彼女らが一丸となることを
めざした「島ぐるみ」の運動について読み解いていく。
　ひるがえって，いま，なぜ「島ぐるみ」の運動に着目する必要があるのだ
ろうか。本書で行う作業の意味は，まずもって，現在進行形の沖縄での基地
をめぐる動きを，より深く理解するためと言える。
　2014 年以降，沖縄県知事選挙や国政選挙では，辺野古への新基地建設の

是非が問われ，それに反対する候補の当選が際立っている。[4]その一方で，この間，主要な首長選挙で新基地建設反対を訴える候補の落選が相次ぎ，2018年2月の名護市長選挙では建設を容認する候補が当選した。このことをもって，新基地の建設に反対し，沖縄の人びとが一丸となることを打ち出した「オール沖縄」や「島ぐるみ」の運動は揺らいでいる，という認識も出てきていた。しかしながら，本書での歴史的な検証からも示唆されるような，戦後沖縄の地域における選挙の力学と，沖縄県知事選挙や国政選挙での意思表示のあり方は異なってきた。それを如実に示したのは，2018年9月の沖縄県知事選挙において「オール沖縄」の推す玉城デニーが約8万票差で当選したことであろう。この選挙結果への驚きは，佐喜眞淳の陣営に，自由民主党と公明党だけでなく，日本維新の会と希望の党が加わり，名護市長選挙の路線を引き継いで新基地建設問題を争点化せず，また，業界的なしめつけと期日前投票を徹底した組織戦がとりざたされていただけに，とりわけ大きなものであった。

　では，こういった意思表示を可能にしているものは，一体なんなのであろうか。一連の選挙結果の背景には，教科書検定における「集団自決」の記述削除（2007年）やオスプレイの強行配備（2012年）を転機とし，保守，革新といった政治的立場やイデオロギーを超えて一致点をさぐりつつ展開されてきた，「オール沖縄」や「島ぐるみ」の運動が存在している。この運動で特徴的だったのは，地元の経済界のなかから「基地は経済発展の阻害要因」という認識が明確に打ち出され，さまざまな運動の場面にも出てきたことであった。経済界の一部ではあるものの，運動の前面にたつ企業やグループが現れ（建設業や観光業など），基地の弊害と基地依存からの脱却を語ったことは，沖縄戦後史においても例をみない。[5]

　この現代における変化を正面から見据えたうえで，沖縄戦後史をふりかえったとき，経済界を含めいわゆる保守層と呼ばれてきた人びとは，基地を手放しに容認してきたと言えるだろうか。むしろそこには，手放しでの容認とは異なり，経済的利害によって引き裂かれるなかで，「基地を受け入れざるをえない」という認識や，それを強いる社会・経済的な構造が存在してきた

といえる。それゆえ、このような現実に対する認識は、事件や事故など基地の暴力があらわになるなかで、基地に抵抗する「島ぐるみ」の動きとも切り離せないものであった。

　本書は、まさに保革対立が沖縄においても浸透するなか、政治的分断や経済的利害に引き裂かれながらも、それらを超えて一丸となろうとした沖縄の人びとの戦後史を「島ぐるみ」の運動という経験に着目して描こうとするものである。この方面での研究は、序章で詳細に述べるように、政治史や復帰運動史を中心とした沖縄戦後史研究においてすでに蓄積がある。しかし、従来の研究は、団体・組織や政治家（政治指導者）のふるまいに関心を集中させてきたため、上で述べたような「想い」や「葛藤」を十分に描ききることができなかった。

　そのため、本書では、「島ぐるみ」の運動を描く際に、「葛藤」の焦点となったB52爆発事故などの「出来事そのもの」と、そのローカルな基盤である「地域」に着目する。ここでは、ローカルな視点を重視することで、「島ぐるみ」の動きをめぐって生じた緊張関係、すなわち、生存（生命）をおびやかす基地の存在と経済活動（生活）の矛盾・相克といった、人びとの「想い」にも迫っていくことができるだろう。

　最後に、本書は、研究者だけでなく、一般の読者も手に取れるような書物として書かれている。そのため、復帰前後の個別的なトピックに関心を寄せる読者は、関連する章を読むことで、概要を把握できるだろう。では、内容に入っていこう。

[註]
(1) 『沖縄タイムス』1968年11月23日。
(2) B52戦略爆撃機は、冷戦期における米国の核戦力の柱の一つであり、水爆も搭載可能な大型戦略爆撃機であった（成田2014a：42）。同機は、沖縄の人びとから「黒い殺し屋」と呼ばれ、復帰後も飛来を続け、2010年には累計で440機に達している（嘉手納町基地渉外課［編］2015：107）。本書では1968年から69年にいたるB52撤去運動に着目するが、同機への抗議行動は、復帰後もねばり強くくり返されてきたものである（田仲康榮2016年6月15日インタビュー）。

⑶ 「復帰」と「返還」という呼称であるが，一般的に施政権と関わって，日本政府が使用する場合には「返還」という語が用いられる。本書では，沖縄での動きを中心的に扱うため，日本政府の立場から限定的に用いる場合は「返還」，それ以外については「復帰」という語で統一する。

⑷ 2014年の沖縄県知事選挙と衆議院議員選挙（選挙区選出4人），そして，2016年7月の参議院議員選挙においては，辺野古への新基地建設に反対する候補がすべて当選した。その後，2017年の衆議院議員選挙では，島嶼部をかかえる沖縄四区以外で同様の結果が出ており，その延長に2018年の沖縄県知事選挙があると考えられる。本書は，現状分析の書ではないが，現在進行形の「オール沖縄」や「島ぐるみ」の動きの歴史的背景を捉え直すための視座を提供するものである。なお，2018年の沖縄県知事選挙の結果に関しては，「『新時代沖縄』を経済界の変化から読み解く」と題し，ネット記事を「オキロン/OKIRON」に公表している（2018年10月30日掲載，https://okiron.net/archives/938）。

⑸ この動きの背景には，観光業の拡大と基地関連収入の比率の低下，基地返還跡地利用による経済効果の可視化や建設業界における基地関連受注を含む公共事業依存への危機感の高まり，といった沖縄経済の構造的な変化が存在している。たとえば，基地関連収入を示す米軍関係受取（基地労働者の賃金，軍用地料および軍人・軍属の個人消費）の割合は，1972年に15.5％であったものが減少し続け，2014年には約6％となっている。逆に，観光業では，復帰前後の6.5％から拡大を続け，2014年には12％以上の規模となっている（内閣府沖縄総合事務局『沖縄県経済の概況』（2017年版））。また，拙稿（2015b・2016b）において検討したが，建設業界では，「公共事業への過度な依存が，業界を維持していくうえでも阻害要因となっている」という認識の浸透が，基地関連受注への見直しを促したと考えられる。これらの論考で示したように，現在の「島ぐるみ」の動きは，経済界の歴史的な変遷や業界の力関係と合わせて理解する必要がある。当該テーマについては，今後の課題として終章で触れている。

目　次

はじめに　3

序章　本書の課題と視座 II

　Ⅰ　課題と対象　II

　Ⅱ　研究史の整理と研究手法　13

　　1　研究史の整理：「島ぐるみ」をいかに記述するか　13

　　2　アプローチと研究手法　20

　Ⅲ　本書の構成　24

第1章　1960年代後半の沖縄における基地社会の諸相 29

　はじめに　29

　Ⅰ　「島ぐるみ闘争」としての土地闘争：1950年代から60年代へ　29

　Ⅱ　1960年代後半とはどのような時代か　31

　　1　日本復帰をめぐる政治情勢の変化　31

　　2　1960年代後半の基地社会　34

　Ⅲ　1960年代後半の基地社会と中部地域（コザ，嘉手納）　36

　　1　コザにおける基地社会の様相　36

　　2　嘉手納における基地社会の様相　40

　まとめと小括　42

第2章　即時復帰反対論の展開と「島ぐるみ」の運動の困難 47

　はじめに　47

　Ⅰ　即時復帰反対論をめぐる社会・経済的背景とその論理　48

　　1　即時復帰反対論をめぐる社会・経済的な背景　48

　　2　即時復帰反対論と言論界における『沖縄時報』の位置　49

3 即時復帰反対協議会による即時復帰反対論の展開 52

Ⅱ 一体化政策の展開と即時復帰反対論の帰結 56

1 塚原ビジョンと一体化政策の展開 56

2 即時復帰反対論の位置づけの変化と即時復帰反対協議会の活動 59

Ⅲ 即時復帰反対論からイモ・ハダシ論への展開 60

1 表面化する即時復帰反対論の論理 61

2 イモ・ハダシ論への展開と議論の特徴 65

まとめと小括 68

第3章 B52撤去運動と生活／生存(生命)をめぐる「島ぐるみ」の運動 75

はじめに 75

Ⅰ 日常化する基地被害とB52戦略爆撃機の常駐化 76

1 度重なる基地被害への不安と抗議の声 76

2 B52戦略爆撃機の常駐化をめぐる不安と撤去運動の展開 87

Ⅱ 嘉手納村長選挙においてなにが問われたのか 92

1 嘉手納村長選挙の経過とそこで問われたもの 93

2 嘉手納村長選挙に対する反響とイモ・ハダシ論 96

Ⅲ B52爆発事故によって喚起された生活／生存(生命)への危機 101

1 B52爆発事故をめぐる経過と訴えられる恐怖 103

2 喚起された生活／生存(生命)への危機とB52撤去運動の展開 106

3 B52撤去の要求と危機を遮断する論理 113

まとめと小括 115

第4章 B52撤去運動の「島ぐるみ」での広がりと2・4ゼネスト 125

はじめに 125

Ⅰ 「島ぐるみ」で広がるB52撤去運動と2・4ゼネストに向けた動き 126

1 B52撤去運動の「島ぐるみ」での広がりと県民共闘会議の結成 126

目次　9

　　2　B52 撤去運動と全軍労による「生命を守る」という主張　131

　　3　2・4 ゼネスト をめぐる結集点の形成と「島ぐるみ」の志向性　132

　Ⅱ　2・4 ゼネスト決行と回避をめぐる動き　138

　　1　経済界における 2・4 ゼネストへの態度と回避の動き　138

　　2　嘉手納における 2・4 ゼネスト回避の動きとその論理　143

　まとめと小括　148

第 5 章　尖閣列島の資源開発をめぐる県益擁護運動の
　　　　　模索と限界………………………………………………154

　はじめに　154

　Ⅰ　1960 年代後半における「『援助』から『開発』への転換」　155

　Ⅱ　1960 年代後半における外資導入と県益の顕在化　157

　　1　外資導入が開いた経済開発のビジョン　157

　　2　石油・アルミ外資の導入と県益化のプロセス　161

　Ⅲ　尖閣列島の資源開発をめぐる県益擁護の運動　167

　　1　尖閣列島の資源開発の歴史的背景　168

　　2　県益化する尖閣列島の資源開発　171

　　3　「島ぐるみ」の運動をめざした尖閣列島の資源開発とその限界　174

　まとめと小括　181

終章　「島ぐるみ」の運動からみえるもの………………………………191

　　1　本論全体のまとめ　191

　　2　日本復帰前における「島ぐるみ」の運動とはなにか　194

　　3　基地社会における「生活・生命への想い」のありよう　198

　　4　本書において残された課題　200

　あとがき　203

　　年表
　　参考文献および資料・インタビュー

序章　本書の課題と視座

I　課題と対象

近年の沖縄戦後史研究の展開においては，復帰前の時期には保革対立が激化したため，「島ぐるみ闘争」は困難になったと理解されている（櫻澤2012a）。いわゆる「島ぐるみ闘争」における「島ぐるみ」とは，「沖縄住民の大多数の賛意を基盤とし，超党派によって組織された行動もしくはそれを目指す指向」（櫻澤2012a：166）とされ，より具体的な運動としては，1950年代半ばの米軍による新規土地接収と軍用地料の一括払い方針への抵抗を背景とした土地闘争や，60年代に展開された復帰運動をさしている（土地闘争については第1章にて取り上げる）。

しかしながら，「島ぐるみ闘争」が困難になったとされる時期において，はたして，「島ぐるみ」をめざそうとする志向そのものが潰えてしまったのだろうか。この時期についてつぶさにみていくと，一方で，政治的な保革対立を補強するかのように，基地の経済的な有用性を説く認識が打ち出され，社会的な亀裂（対立）が深まりながらも，もう一方で，既に触れた古謝も関わることとなるB52の常駐化や爆発事故を背景とした「生命を守る」運動や，経済開発による「豊かさ」の実現を模索する運動が展開されていた。そのため，本書では，これまで「島ぐるみ闘争」とは直接名指しされなかった営み・経験・時期にも「島ぐるみ」の過程が見いだせるものと捉え，その様相を明らかにしていく。

以上の点を踏まえ，本書における問い（課題）を整理すると，次の二つになる。一つ目の問い（課題）は，いわゆる「島ぐるみ闘争」が困難になったとされる時期に着目し，そこで表出した「島ぐるみ」をめざす運動（や志向性）の契機と過程を明らかにすることである。そのために，ここでは，「島

ぐるみ」の動きの契機ないし起点となった「出来事そのもの」（B52爆発事故など）と「地域」（嘉手納など）に着目していく。そのうえで，ここで迫っていきたいのは，「島ぐるみ闘争」が困難となっていく過程において，沖縄の人びとが，いかに自らの選択肢をつくり出そうとし，また，いかにそれらが剥奪されていったのか，という点である。

　二つ目の問い（課題）は，1960年代後半において，基地との関わりのなかで形成された，身近な生活に対する認識と態度のありようを明らかにすることである。本書では，これらを沖縄の人びとの「生活・生命への想い」と捉えて，その歴史的な変遷をたどっていく。この「生活・生命への想い」は，個人的なものにとどまらず，歴史的な過程において集合的な意味合いを伴って示されてきた認識および態度と捉えることができる。

　たとえば，それらは，第2章で検討する復帰や基地への態度を問うことになった即時復帰反対論ないしイモ・ハダシ論や，第3章から第4章で扱うB52撤去運動における「生命を守る」という主張，第5章における経済開発を通した「県益」や「豊かさ」の提示，といったかたちで現れ出てくる。これら生活・生命へと向けられた「想い」は，「島ぐるみ」をめざす動きの契機となることもあれば，逆に，その動きに断絶をもたらすこともあった。なお，ここで用いる「生活」とは，労働などを通して対価を得るという経済活動だけでなく（狭い意味での生活），暮らしを維持していく活動全体（広義の意味での生活）をさしている。また，本書では，「生活」の前提となる「生存」（「生命」が維持されているという意味での）そのものに焦点が当たる出来事も扱うため，生活と生存（生命）は区別して用いる。

　これらの問い（課題）を踏まえ，本書で中心的な検討対象とするのは，復帰前の二つの「島ぐるみ」をめぐる運動である。一つは，既に触れた1968年11月の主席公選選挙後に起こった，B52撤去運動である。この戦後初の主席公選選挙では，「基地がなくなれば，戦前のようにイモを食い，ハダシで歩く生活に逆戻りする」というイモ・ハダシ論が提示され，まさに「基地反対か，それとも経済活動を優先するか」という選択が迫られるほど，社会的な対立は激しくなっていた。しかし，保革対立が政治過程において顕在

化したとされる時期でも，B52 爆発事故は，生活と生存（生命）への危機を呼び起し，「生命を守る」ことを結集点とする「島ぐるみ」の運動がゼネラルストライキ（以下，ゼネスト）の一歩手前まで展開されることになる。この対象の検証においては，即時復帰反対論に一つの起源をもつイモ・ハダシ論的な生活をめぐる認識の展開過程と，B52 爆発事故後の「島ぐるみ」の運動が，その認識に対してどのように転換を迫ったのかに着目する。

　二つ目に取り上げる検討対象は，まさに上述の「島ぐるみ」の動きが挫折したのと同時期にあたる，1969 年にかけて顕在化した経済開発をめぐる県益擁護運動である。本書で着目するのは，いずれも 1967 年頃から問題として浮上し，復帰直前に争点化した，外資導入をめぐる県益・国益論争と尖閣列島の資源開発（以下，尖閣開発）という二つの事象である。ゼネスト回避の後，B52 撤去や復帰のあり方をめぐる「島ぐるみ」の動きは困難となるなか，経済開発に可能性を託し，自立経済や「豊かさ」を求めたのが，これらの動きであった。

Ⅱ　研究史の整理と研究手法

1　研究史の整理：「島ぐるみ」をいかに記述するか

　ここでは，本書の課題を明確化するため，従来の研究史における課題と焦点を整理しておく。本研究に関わる領域は，沖縄戦後史研究と占領や国家による統治性に関する研究の二つである。

⑴　沖縄戦後史研究における位置づけ：保革対立と「島ぐるみ」の記述

　①戦後沖縄における保革対立の形成をめぐる研究　　本書では，「島ぐるみ」の運動に関する検証と並行して，即時復帰反対論やイモ・ハダシ論の検証において，いわゆる保守層と呼ばれてきた人びとの「生活・生命への想い」についても扱うため，まず，沖縄戦後史研究のうち，従来の「島ぐるみ闘争」と保革対立の理解についてみておく必要がある。

沖縄戦後史研究において，「島ぐるみ闘争」については数多く取り上げられ，考察されてきた（新崎 1976，我部 1975 など）。近年，そのなかでも復帰運動史や政治史に関わる研究では，従来の前提をぬりかえるような展開がみられる。既に触れた櫻澤の研究では，新崎盛暉の見解への批判を通して，沖縄戦後史を貫くものとして捉えられてきた保守と革新との対立が 1960 年代に形成されたものであると指摘している。そこでは，従来，自明とされてきた保革対立を歴史化することで，沖縄の歴史を捉えようとする知識人・研究者の視点をも問い，また，1960 年代の復帰運動における沖縄教職員会（以下，教職員会）の内在的な研究を通して，その位置づけを検討している。ただし，この研究の目的は，保革対立の歴史的な形成過程を明らかにすることにあり，それゆえ，保革という対立構図そのものは，復帰運動史や沖縄戦後史において重要な位置づけを与えられている。

現在，沖縄戦後史の記述が沖縄県祖国復帰協議会（以下，復帰協）や教職員会などのいわゆる革新（や革新勢力）に集中してきたことが批判され，保守（や保守勢力）に関する研究の重要性への言及とともに，研究蓄積も出始めている。これらの研究においても保革対立という構図は重視されているが，この構図の重要性を早い段階で指摘したのが，江上能義による「68 年体制」論であった（江上 1996・1997）。「68 年体制」とは，日本本土において既に成立していた「55 年体制」における自由民主党と日本社会党を中心とする保革対立に，沖縄側が組み込まれることによって成立した政治対立のあり方を意味している。上記の政治体制の確立ないし転換を，沖縄戦後史における一つの画期と捉える視点が，「68 年体制」論である。江上は，1968 年に行われた主席公選選挙，立法院議員選挙および那覇市長選挙という，いわゆる「三大選挙」を保革対立のスタートとしている（江上 1996：10）。そこで重視されているのは，これらの選挙を通して，沖縄における保守層と革新層が日本本土との関わりを深めながら，組織化されたという点にある。すなわち，保守側においては，沖縄民主党が「沖縄自民党」に改称し，選挙協力を含め日本本土の自民党とのつながりを強め，もう一方の革新側は，革新共闘会議を結成し，同じく革新自治体や革新政党の協力を得た選挙戦を行った

のである（同上：10-13）。

　しかしながら，このような理解は，保守と革新として区分された運動体や政党の動きを説明するには意味をもつが，「68年体制」の確立前後に生じたB52撤去運動や，経済開発をめぐる「島ぐるみ」の運動（ないし志向性）を把握するには，不十分な枠組みであると言える。

　②現実主義という視点と「島ぐるみ」の契機としての戦争／占領体験　　前項の最後の指摘は，政治的な局面では保革対立が成立したとされる状況においてすら，人びとが結集しようとした／するのはなぜなのか，という疑問にいきつく。はたして，これを「保守層といっても一枚岩ではない」とだけ捉えてよいのだろうか。

　この論点と関わって，いわゆる保守層と呼ばれてきた人びとの現実の見方や捉え方を，保革対立としてではなく，現実主義という視点から取り上げる論者も存在する。鳥山淳（2009）は，イモ・ハダシ論に焦点を当て，日米政府による沖縄への援助の力学と沖縄側のイモ・ハダシ論に象徴される経済的利益を優先する動きが，基地撤去や安保破棄といった政治的要求をなしくずし的に静めさせていく過程を描いている。鳥山は，その後も，沖縄における1960年代の経済成長と関連づけ，復帰後の経済開発の方向性をめぐる議論をも取り上げつつ，この現実主義の系譜を明らかにしている（鳥山2011）[8]。

　また，本書との関係では，新崎による「島ぐるみ」の運動の契機に関する指摘は示唆的である。既にみたように，新崎の歴史叙述のあり方は，保革対立を自明視するものとして櫻澤から批判されたが，両者の違いは，「島ぐるみ」の記述をめぐる着眼点や方法にあると考えられる。そもそも，新崎は，保革対立という構図から歴史叙述を試みているわけではないため，櫻澤による批判の焦点はずれているとも言えるだろう。というのは，新崎による沖縄戦後史の理解と叙述には，一方の大衆運動の側（櫻澤の言う革新勢力）に対して，占領統治との関わりで保護や育成の対象とされた「受益者層」の動向に対する視点も含まれていたからである。その視点から，新崎の研究では，いわゆる「島ぐるみ闘争」後の時期を「相対的安定期」と規定しているが[9]，そこでは，運動の分析とともに，それを瓦解させようとした「受益者層」の

動向についての考察も行っている。たしかに，この「受益者層」を保守勢力とイコールとみなせば，沖縄戦後史を通してその存在を自明視し，革新勢力と対立させている，という櫻澤の批判は当てはまるだろう。しかし，筆者のみるかぎり新崎の「受益者層」への考察は，時代によっても，中心的な主体や組織化の度合い，また占領統治との関わり方も異なるものとして捉えられている。

　この認識を踏まえたうえで，新崎による「島ぐるみ」の理解についてもみてみよう。櫻澤の著書（2012年）への書評のなかで，「島ぐるみ」の運動が困難となった要因について新崎は次のように述べている。「『島ぐるみ』の運動が困難になったのは，革新の主張が先鋭化したからではなく，米軍支配の受益者層が自らの立ち位置を自覚化したためである。『島ぐるみ』を目指す復帰協が，手を変え品を変え，沖縄自民党の参加を求めたにもかかわらず，彼らがそれを拒否したことからもそれは明らかである」（新崎 2013：125）。この指摘から，上で触れた「受益者層」の動きを重視する視点は，ここでも貫かれていると言える(10)。そのうえで，「島ぐるみ」を可能とする二つの契機が，上の引用に続く箇所に明確に示されている。

　　　沖縄には「島ぐるみ」を可能にする契機が二つある。一つは，押し付けられた過重な米軍基地から派生する，事故や犯罪に対する人間としての怒りが社会全体を覆うとき，一つは，人口の四分の一が犠牲になり，すべての生活基盤を失った沖縄戦体験の歴史的記憶が傷つけられるときである。／普天間基地の県内移設に反対する「オール沖縄体制」と呼ぶものも，その一つである。しかし，それはその運動形態から評価するものではなく，その内部矛盾に分け入りながら，その効果や役割を注視しなければならない。それが，沖縄現代史を研究する際の不可欠の要件だと思う（同上）。

　この指摘は，超党派による組織的な行動といった運動形態から「島ぐるみ」を理解しようとする櫻澤への直接的な批判と考えてよい。このことは，現在の「島ぐるみ」，すなわち「オール沖縄体制」の契機として，いわゆる「55年体制」の崩壊（沖縄においては「68年体制」）によって保革対立の制御

が崩れたことを強調する櫻澤に対して，新崎は沖縄における戦争体験や基地による暴力への怒りを結集軸として重視している。

たしかに，前項でみた通り，主に政治過程の考察において，保革対立の視点は有用であると言える。しかし，本書で対象とする「島ぐるみ」の運動や志向性を捉えるには，新崎の指摘する戦争体験や基地の暴力に，沖縄の人びとがどのように直面してきたのか，という視点が不可欠であろう。このような視点を，歴史研究において展開した論者としては，屋嘉比収（2009）を挙げることができる。屋嘉比の研究では，1970 年のコザ暴動において戦争体験の想起があったこと（屋嘉比 2009：はじめに）や，コザにおける基地の暴力と「アメリカ的生活様式」の共存（と同時に矛盾）のなかで，本論でも検討する即時復帰反対論にも一部言及している（同上：353-359）。ただし，この時期に関する屋嘉比の研究は概括的なものにとどまるため，本書では，上記の観点も踏まえながら，研究対象をより詳細に検討していく。

本項での検討を踏まえたうえで，ここでは，保革対立に関する研究や鳥山による現実主義という観点からの研究蓄積のうえで，新崎の「島ぐるみ」の契機に関する見解を重視し，視点として用いる。ただし，戦争体験に関しては体系的に触れることはできないため，本書では，主に基地との関わりをめぐる占領下での体験（以下，占領体験）に着目していく。

(2) 占領・国家における統治性と主体（性）に関する研究

もう一つ，本書に関わる研究には，米国による占領や復帰後の日本国家による統治のあり方と，沖縄側の主体（性）の問題について扱ってきた研究領域がある。これは，主に占領下の沖縄経済史に関する研究や，復帰後の日本政府による振興・開発策を検討してきた研究群である。

①戦後沖縄経済史の叙述と経済主義という視点　Ⅰで述べたように，本書では，「島ぐるみ」の動きを捉えるうえで，沖縄の人びとが基地との関わりで生活（経済活動）をどう捉えたのか，という「生活・生命への想い」を重視している。そのため，沖縄経済史の叙述にも目を向けなければならない。占領下の沖縄経済史に関する中心的な研究としては，琉球銀行調査部による

『戦後沖縄経済史』（1984 年）を挙げることができる。この研究は，戦後の沖縄経済史を対象としながらも，中心的な主題を経済政策に置いており，日米による経済政策の展開を沖縄統治のあり方との関連で分析している[11]。

　同書では「経済主義」ないし「経済主義的統治方式[12]」という理解の枠組みが重視されているが，ここでは，関連して，土地闘争に対する評価と捉え方についてみてみよう。

　「島ぐるみ闘争」としての土地闘争は，強制的な米軍による土地接収と，その後の軍用地料の一括払い方針をめぐって展開された。経済主義という枠組みとの関わりで重要な点は「闘争がどのような要因から分裂し，瓦解したのか」に関する捉え方である。この論点について，同書では，次のように要約的にまとめられている。「沖縄側の闘争は，米国側の"オフ・リミッツ"などの 糧道遮断作戦にあい，軍用地問題を経済領域に限定して現実的妥協の中で解決しようとする集団と，あくまでも米軍支配からの脱却等の政治的要素を重視する集団の二つへ分裂してしまった」（同上：11）とされる。そして，米国側は，前者の経済領域での妥協を求める声に応え，一括払い方針を撤回することになるが，同時に，基地を優先する統治のあり方を変更することはなかった。

　この経済主義という枠組みは，基地をめぐる政治的な対立を表面化させないため，どのような統治政策の転換がなされたのか，を把握するものであった。より具体的には，基地を優先する政策を維持しつつも，「琉球列島住民の福祉および安寧の増進のために全力を尽し，住民の経済的および文化的向上を絶えず促進しなければならない」（同上：541）というものであった。この転換は，住民の生活水準の向上に一定程度目を向けたことで，その後の日本政府による財政援助の受け入れを下支えし，1960 年代前半からの「日米協調体制」を開くことになった（第 1 章で後述）。

　この研究では，土地闘争後の 1958 年前後から 67 年頃までの時期について，日本政府による財政援助の拡大を伴いつつ「経済主義的統治方式」が機能した時期として描いている。たしかに，この捉え方は，一方で，1950 年代後半からの沖縄統治の性格と，その質的な転換をうまく叙述できた反面で，基

地をめぐる運動を政治的側面と経済的側面とに分けて扱うものでもあった（政治領域と経済領域との分離）。

　以上の点から，ここでは，経済的利益を重視させ，統治を図ろうとする権力の論理を理解するうえで，経済主義という視点の有効性を認めつつも（即時復帰反対論やイモ・ハダシ論の性格の一面を捉えうる），「政治領域」での「島ぐるみ」の動き（たとえばB52撤去）と，「経済領域」での「島ぐるみ」の動き（たとえば尖閣開発）とを分け，それらを異なる領域に属すものとして記述するスタイルはとらない。本書では，基地と生活・生存（生命）をめぐる人びとの「想い」に着目することで，「政治領域か，経済領域か」という二分法に陥ることなく，生活をめぐるふるまいが，政治的でもありうるような局面を捉えてみたい。

　②日本復帰後の経済開発をめぐる研究と自治・経済自立論　　上記の『戦後沖縄経済史』による占領下の研究に対して，復帰後を対象とした研究は，日本政府の振興・開発策の批判的検討が中心となっており（沖縄県教職員組合経済研究委員会［編］1974，宮本［編］1979，杉野・岩田［編］1990，来間1990・1998，久場1995，宮本・佐々木［編］2000，前泊・百瀬2002など多数），公共事業依存型経済の形成などについて明らかにしてきた。そこでの研究の多くは，復帰後の経済政策における上記のような問題点を指摘することで，沖縄側の主体性のもとで経済開発を進めることを強調していた。そのため，これらの研究群は，自治論や経済自立論と密接な関わりをもっていた。しかし，ここでもまた，経済政策に示される統治のあり方への関心の強さの一方で，基地をめぐる経済活動（生活）のありようを明らかにするという視点は弱かったと言える。

　近年，復帰後の振興策や開発に伴う沖縄社会の再編を，基地維持や日本国家の開発主義と関連させて捉える新たな視点も提示され（川瀬2013，宮里2009，島袋2009・2010・2014など），また，社会経済史的な観点からの沖縄経済史の叙述もみられるようになった（川平2011・2012・2015）。しかし，基地をめぐる認識や態度に焦点を当てた研究は，櫻澤（2016），鳥山（2009・2011）および屋嘉比（2009）において限定的に展開されているにすぎず，と

りわけ 1960 年代後半から復帰までの時期について詳細に検討した研究は見当らない。その背景としては，『戦後沖縄経済史』をはじめとして，沖縄における経済事象や開発をめぐる研究が，経済政策に集約された統治の論理の解明を中心としてきた，という点を指摘できるだろう。

　以上の批判的検討を踏まえて，本書では，基地をめぐる「生活・生命への想い」に着目し，政治領域と経済領域とを切り離すことなく，「島ぐるみ」の運動を叙述していく。いわば，従来の研究が経済的な事象を政治に従属するものとして扱っていたのに対して，ここでは，基地や復帰への政治的な態度と経済活動（生活）を，密接に関わるものとして把握することができるだろう。

2　アプローチと研究手法

(1)　キーワードの定義とアプローチ（視点および方法）

　ここでは，全体を貫く「島ぐるみ」というキーワードの定義とアプローチについて述べる。

　まず，キーワードの「島ぐるみ」概念であるが，ここでは，「一つの地域を超えて沖縄の多くの人びとに問題意識や意見が共有され，特定の課題について集合的な解決へと向かおうとする一連の動き」と捉える。このような捉え方をとるのには，次の二つの理由がある。それは，第一に，本書の扱う対象が，いわゆる「島ぐるみ闘争」のように組織的な動きをとらない場合もあること（志向性の次元にとどまるようなもの），第二に，従来，「島ぐるみ闘争」において扱われてこなかった経済開発をめぐる動きも，復帰前の一連の過程において「島ぐるみ」の様相をもつものとして把握するためである。

　加えて，本書の記述方法と関連し，この「島ぐるみ」という概念は，従来ならば，別々の対象とされてきた歴史的な事象を，一連の過程として把握するために用いる歴史叙述の方法的概念として捉えてほしい。その含意として，この概念は，「島ぐるみ闘争」のように土地闘争や復帰運動といった特定の歴史事象をさし示すためのものではない，という点が重要である。本研究では，従来，「島ぐるみ闘争」とは直接名指しされてこなかった営みを「島ぐ

序章　本書の課題と視座　21

るみ」をめぐる経験として取り上げ，復帰前の一連の歴史過程として描いて
いく。上述のように，この概念を「過程」に重きをおいて定義したのは，歴
史事象の一面だけを捉えて「島ぐるみ」の動きとして分類するような誤りに
陥らないためでもある。

　次に，アプローチであるが，本書は，社会学的な視点にもとづいた歴史研
究として位置づけることができる。沖縄戦後史を扱う研究では，歴史学や政
治史といったアプローチが伝統的に採用されてきた。そこでは，教職員会や
復帰協などの団体・組織，政治家（政治指導者）のふるまいといった対象に
着目してきた。

　だが，本書では，地域の代表者としてふるまう政治家と，そこに住む人び
とを同じ歴史叙述のなかで扱っている。それには，次の二つの理由がある。
第一は，「島ぐるみ」が志向される過程において浮き彫りになるように，代
表者としてふるまう政治家も，間接的な住民の代弁者ではすまされない，と
いう側面がある。冒頭で挙げた古謝の言葉からもわかるように，本書で扱う
事象においては，政治家は政治過程においてふるまうだけの存在としては許
容されず，そこに住む人びとの置かれた基地や生活をめぐる「出来事そのも
の」（日常的な基地被害やB52の爆発など）へと引き戻されるのである。ここ
では，政治過程についての叙述も行うが，あくまでも上記のような側面への
着目に付随する作業として扱っている。

　二つ目には，政治過程に集約されるようなハイポリティクスと，人びとの
日常生活とを切り分けるような歴史叙述とは異なるアプローチをとるためで
ある。たとえば，B52の常駐化への反発にみられるように，その「出来事そ
のもの」は，一面で，当時の国際関係という条件のもとで決定されたとして
も，同時に，沖縄に住む人びとの生活や生存（生命）への危機を喚起するも
のでもあった。その場合，要請行動などを通して，B52撤去という意思が米
軍（米国），日本政府や琉球政府へ提示されたとき，政治過程と人びとの日
常生活とは，密接に関わるものであったと言える。

　本書では，上述した政治過程と人びとの生活・生存（生命）とが緊張関係
をもつ局面を重視し，歴史叙述を行う。以上の立脚点から検討を行うため，

ここでは，社会経済的な構造と人びとの認識との関連を捉え，それらの歴史的変容を把握するために社会学的な視点を採用する（構造的アプローチと主観的アプローチの統合）。

⑵　本書における研究手法

　次に，研究手法に関連して，本書で依拠する資料とその扱い方について言及しておく。ここでは，文書資料（新聞資料，行政資料，個人資料，団体・組織資料および回顧録・日記）を主な一次資料として用い，関係者や関係団体へのインタビューも行った。二次資料としては，既に多くの蓄積のある市町村史も活用している。

　現在，沖縄戦後史研究をめぐる資料環境の整備は急速に進み，それに伴って研究の進展も数多くみられるが（櫻澤 2014b），一方で，占領主体である琉球列島米国民政府（United State Civil Administration of the Ryukyu Islands：以下，U̇ŚĊÁR）や行政を担っていた琉球政府などの行政資料（公文書），復帰運動を牽引した教職員会や復帰協などの主要な団体・組織資料に限られている。そのため，本書では，他の一次資料やインタビューによるつき合わせを行いながら，基地への認識や「島ぐるみ」の運動の展開を把握する基礎的な文書資料として，新聞資料を網羅的に検討している[14]。ここでは，新聞という媒体を検証することで，「島ぐるみ」をめぐる事象の歴史的な過程を時系列的に追うことができ，また，その動きの波及や，直面する現状と人びとの認識との関わりなどを把握することができる。

　なお，資料面での独自性としては，次の二つを挙げることができる。第一には，新聞資料として『沖縄時報』（1967 〜 69 年）を用いたことである。第2章で詳述するが，このメディアは，経済界の肝いりで発刊され，復帰運動への批判や反教職員会の立場を鮮明にしており，また，イデオロギー的な側面も強かったことから，これまで研究上の資料としては体系的に用いられてこなかった[15]。しかし，1968 年の三大選挙において，保革対立が激しくなる前には，単純にイデオロギー的（ないし保守的）として切り捨てられないような復帰や生活をめぐる認識が読みとれ，即時復帰反対論の展開もその一環

であったと考えられる。そのため，本書では，即時復帰に反対したコザの商工業者（基地関連業者を含む）の動きを一定程度代弁したメディアとして，他の一次資料による裏づけも得ながら用いた。二つ目としては，2015年度末より一部公開された個人資料として，コザ市長および沖縄市長を務めた大山朝常の資料群（沖縄国際大学南島文化研究所所蔵）を補足的に用いていることである。本書は，コザ市政そのものを研究対象とするものではないが，コザの政治経済についても扱っているため，他の機関には所蔵されていない資料を用いている。

　最後に，ここでの新聞資料の扱い方について示しておく。本書で対象とするのは，報道記事に加え，社説・論壇・読者投稿である。新聞記事を対象とする場合，報道記事などの「事実報道」と社説などの「主観的な評価や意見を前面に押し出した記事」では性格が異なることに留意する必要がある（中野2009：73）。ただし，「事実報道」については，他に比較すると客観的な出来事を扱っているものの，それ自体もある出来事を重要だとし，記事にする記者や新聞社の価値観というフィルターが存在している。そのような限定性がありながらも，本書で事実報道を用いるのは，上述した資料的な制約に加え，主要二紙が1950年代の競争を経て，一定程度，沖縄の人びとの見方に沿った報道を行うメディアとなっていることを重視した。この点に関連し，新崎は戦後沖縄における「地方紙」の特徴の一つとして「民衆の動向・意識を反映し，基本的には反権力的立場である」ことを挙げている（新崎・野里・森田1995：202）。

　また，本書では，当時の人びとの「生活・生命への想い」を明らかにするために，読者投稿を重視している。この読者投稿欄についても，メディア側による取捨選択の可能性を考慮に入れる必要があるが，検討対象とした1960年代後半には，紙上における投稿者同士の相互的な言及（批判も含め）や団体・行政と住民とのやり取りも日常的に行われていたため，ある程度，公的な意見を表明する場であったと考えられる。その点を考慮に入れたうえで，ここでは，可能な限り投稿者の属性（居住地・職業・性別など）も示しながら分析対象として用いていく。

Ⅲ　本書の構成

　本論に入る前に，序章の最後では，全体の構成と各章の概要を示す。

　本書の本論部分は，全体で五つの章から構成されている。第1章「1960年代後半の沖縄における基地社会の諸相」と第2章「即時復帰反対論の展開と『島ぐるみ』の運動の困難」は，本論の全体に関わるテーマを扱っている。本書が対象としている時期（1967～72年）は，先行研究の指摘する政治的な局面での保革対立だけでなく，経済活動（生活）をめぐる対立の深まりも同時に顕在化していた。そのため，第1章では，沖縄社会の様相を社会経済的な側面からまとめたうえで，第2章では，B52撤去運動（第3章と第4章）と経済開発をめぐる県益擁護運動（第5章）において，人びとが前提とせざるをえなかった基地や生活をめぐる「想い」を明らかにした。

　概要を簡単に述べると，第2章は，復帰の時期や路線が不明確であった1967年9月以降に打ち出された即時復帰反対論から，翌年のイモ・ハダシ論をめぐる論争へといたる過程を検討している。即時復帰反対論は，先行きの見えない復帰への危機感を背景としていたが，1967年11月の佐藤・ジョンソン会談によって，即時復帰の見送りと経済面における一体化路線が具体化されたことで役割を終えた。この過程では，経済面での「開発」の可能性が強調されたことで，沖縄自らが「開発」について議論することが可能となっていった（第5章の『『援助』から『開発』への転換」と関連）。本章で扱うイモ・ハダシ論は，B52撤去運動においてもたびたび対立点として浮上したため，第3章と第4章への議論の展開上も重要な章となっている。

　続く，第3章「B52撤去運動と生活／生存（生命）をめぐる『島ぐるみ』の運動」および第4章「B52撤去運動の『島ぐるみ』での広がりと2・4ゼネスト」では，B52撤去をめぐる「島ぐるみ」の動きについて検証した（1967～69年）。この二つの章では，B52爆発事故の現場である嘉手納地域からの撤去運動と，その広がりに着目しつつ，B52爆発事故によって喚起された生活や生存（生命）に対する危機の様相と，「生命を守る」という一致

点のもとゼネストが準備され，最終的に回避される一連の過程を明らかにした。

　最後の第5章「尖閣列島の資源開発をめぐる県益擁護運動の模索と限界」では，ゼネストが回避され，B52撤去運動が地域や経済界からの反発により分断にさらされるなかで浮上した，経済開発をめぐる県益擁護の運動について検討した（1967～72年）。ゼネスト回避後，B52撤去や復帰のあり方といった政治的な局面での「島ぐるみ」の動きが困難となるなか，経済開発に可能性を託し，自立経済や「豊かさ」を求めたのが，この県益擁護運動であった。この運動の背景には，第1章で述べる経済面での一体化政策と関連し，沖縄経済の基調が「『援助』から『開発』への転換」によって，沖縄側が主体的に関与できる領域として「開発」が浮上しはじめた，という変化があった。この章では，政治的局面での選択肢の狭まりのなか，「開発」がそれとは異なる選択肢と捉えられ，沖縄にとっての利益（県益）を打ち出しつつ，経済開発を進めた外資導入と尖閣開発という二つの事象を検討している。

　以上を受けて，終章では，全体の要点を簡潔に示しつつ，本論で検討した復帰前の「島ぐるみ」の運動について，復帰後と現在の沖縄における「島ぐるみ」の動きも視野に入れつつ考察を行う。

［註］
(1)　産業構造などに限定的に触れる場合や，狭い意味での生活に限定する場合には「経済活動」という語を用いる。なお，社会運動史研究の文脈では，近年，「生活」「いのち」「生存」を焦点とした社会運動の問い直しが行われている（大門2012）。本書もこの研究関心を共有しているが，ひとまず沖縄戦後史を対象とするため，「生活」「生命」「生存」という語については，本論で示した定義を用いる。社会運動史研究と本研究の接続は，今後の課題となる。

(2)　イモ・ハダシ論における論理は，このような二者択一を迫るものであった。しかし，基地の身近で生活を営む者にとっては，経済活動の維持だけが生活ではなく，基地被害による影響も大きいため，そう単純化できるものではなかった。この論点については，本論の第2章から第4章までを通して扱っていく。なお，以下では，二者択一を迫る二分法としてわかりやすいように「基地反対か経済か」と略記している。

(3) 即時復帰反対論とは，具体的な計画やスケジュール抜きの復帰に反対する議論である。この議論については，第2章にて詳述する。

(4) 復帰運動史については，櫻澤（2012a）の序章「戦後沖縄復帰運動史研究の課題」や戸邉秀明（2008a）などを参照のこと。なお，櫻澤は，本論で触れた〈保守／革新〉パラダイムだけでなく，〈復帰／独立〉パラダイムについても検証し，また，近年の沖縄戦後史研究の全体的な動向についてもまとめている（櫻澤2014b・2016）。

(5) この点については，櫻澤の研究に対する評価として大野光明が指摘している（大野・櫻澤2013）。

(6) 近年，櫻澤は，保守層の動向を含めた復帰運動の検討の必要性を指摘しており（2013），西銘那覇市政の位置づけ（2014a），復帰前後の経済構造に関する研究（2014c），保守勢力からみた「島ぐるみ」の動きの検証（2016）などを行っている。また，この指摘に関連して，政治史研究からは吉次公介（2006・2009）などの研究が既に蓄積されている。

(7) 革新共闘会議とは，沖縄社会大衆党，沖縄社会党および沖縄人民党の三つの政党と教職員会，労働組合のナショナルセンターである沖縄県労働組合協議会などが中心となって結成された共闘組織で，復帰後の選挙における協力組織としても維持された。

(8) 櫻澤は，鳥山の議論を受け，この現実主義がはたして保守層に限られたものなのか，という疑問を投げかけている（櫻澤2014c）。

(9) 新崎は，復帰までの沖縄戦後史を九つの時期に分けて理解している（新崎1976など）。そのうち「相対的安定期」とは，第5期として1958年後半から62年はじめの時期をさし，「島ぐるみ闘争」後，米国の統治政策の修正によって，沖縄統治が他の時期に比べ安定した時期である（新崎1976：2）。この時期に，日本政府の沖縄への政策が「アメリカの沖縄支配を補完するものとして表面化しはじめる」（同上）。この第5期は，『戦後沖縄経済史』で指摘されている「経済主義的統治」の開始時期と重なっている。

(10) 屋嘉比は，新崎の論文・評論集である『未完の沖縄闘争』（2005年）の「解説」において，同氏の主張の一貫性について評価している（屋嘉比2005：535）。櫻澤はこの評価に否定的であるが（櫻澤2012a：17），保革対立ではなく，大衆運動と受益者層の拮抗関係として歴史を叙述していると捉えた場合，屋嘉比の評価は妥当であると言える。

(11) 同書は，その問題設定の箇所で，沖縄における経済政策の性格について以下のように述べている。そこでは，「沖縄における経済政策は，純粋に沖縄の内的要請に基づいて展開されたというよりも，米国の沖縄統治という“外からの動機”によって策定された。［中略］1960年代に入って沖縄問題に日本政府が登

場してくるが，日本政府の沖縄に対する経済政策も日米協調体制の結節点である基地保持を絶対命題とするところから発しており，米国と共通する面が多い」（琉球銀行調査部［編］1984：2）としている。

⑿　この理解の枠組みに対しては，新崎（1984）や来間泰男（1990）によって，基地の維持を前提とした軍事優先の統治を「経済主義的」と捉えることの矛盾が指摘されている。たしかに，経済主義という言葉どおりの意味でとれば，米国による沖縄統治のあり方の核心部分（基地維持）を表す表現としては適切でないように思える。しかし，ここで重視されているのは，土地闘争の後，基地をめぐる政治領域と生活を含めた経済領域とを分離し，後者に働きかけることで生活水準を向上させ，それによって政治的な課題を焦点化させないという，いわゆる「非政治化」のプロセスを把握することにあった。同書の提起した経済主義という理解の枠組みは，このような統治のあり方を浮き彫りにするアプローチとして捉える必要があるだろう。なお，このような着想は，近年の町村敬志（2011）による開発主義をめぐる視点や後述する島袋純の「非争点化」の視点とも重なる部分がある。また，同時代的な統治のあり方の変化として，国場幸太郎（1962）は，既に同書と重なる分析を行っている。

⒀　川瀬光義（2013）は，地方財政の観点から基地という「迷惑施設の受入」による財政支出を依存的な性格を伴う「賄賂」的なものとして理解している。また，宮里政玄（2009）は，K.Calder（2007）の議論に依拠し，日本の基地に関わる秩序を「補償型政治」（強制よりも実質的補償を重視）に典型的に当てはまるとしている。その他にも，開発体制の政治・経済的な側面を重視した島袋（2010）は，復帰後の開発が沖縄開発庁を中心とした制度下で行われ，経済的な発展において課題とされた基地問題は，直接的にはそれと対応した体系（日米安全保障条約）により処理された点を重視している。彼によると，上記の仕組みは，戦後日本の利益還元政治へ沖縄を組み込む「装置」（島袋 2010：243）であり，基地から派生する諸問題を「周縁化」ないし「非争点化」させたとしている。

⒁　『沖縄タイムス』（以下，『沖タ』）および『琉球新報』（以下，『琉新』）を中心に，『八重山毎日新聞』（以下，『八重山毎日』），『沖縄時報』（以下，『時報』）などを用いる。『沖タ』および『琉新』については，本書で対象としている 1960年代後半から復帰直後までだけでなく，65 年から 75 年までを時系列的に収集・整理・分析している。

⒂　一部で，ノンフィクション・ライターやジャーナリストが，『時報』の背景について言及している（佐野 2011 および安田 2016）。しかし，沖縄戦後史研究の資料として，まとまって取り上げたものは管見のかぎり見当らない。

⒃　筆者は，2018 年度の現在まで，科研費採択課題「戦後沖縄の平和運動に

関する個人資料群の公開・活用モデルの構築と実証的研究」(研究課題番号24320133, 代表者鳥山淳, 2012年4月〜16年3月) および「占領下の沖縄における『抵抗と交渉』の政治社会史：コザと伊江島の分析を中心に」(研究課題番号16H03482, 代表者鳥山淳, 2016年4月〜20年3月) の研究協力者として, 本資料の公開・活用の作業に従事してきた。当該資料については, 一部拙稿 (2016a) や高江洲昌哉 (2016) にて公開しているが, 今後, より広く利用に供される予定である。体系的な活用が待たれる資料群である。

(17) 沖縄フリージャーナリスト会議 [編] (1994) によると, 戦後から1950年代にかけて, 主要二紙以外に, 『沖縄毎日新聞』『沖縄新聞』『沖縄日報』および『沖縄日日新聞』が発行されていた (数度改題した新聞もあるため, いずれも廃刊直前のタイトル)。英字新聞も存在したが, 地元の住民向けの新聞は, 1961年の『沖縄日日新聞』の廃刊で二紙による供給体制となった。戦後から1950年代までのメディアの状況については, 大田昌秀 (1975) を参照のこと。補足的な情報として, 主要二紙の発行部数は, 1970年時点において, 『沖タ』12万2,050部 (朝刊のみ) および『琉新』7万8,351部 (朝夕刊セット) となっており, 合計すると20万部を超えるものであった (日本新聞協会 [編] 1970：236-239)。同時期の沖縄における世帯数が, 22万3,338世帯であったことを考えると (人口は94万5,111名), 主要二紙のシェアの大きさがうかがい知れる (沖縄県統計協会 [編] 1974：33)。

第1章　1960年代後半の沖縄における基地社会の諸相

はじめに

　序章で述べたように，本書では，「島ぐるみ」の契機ないし起点となった「出来事そのもの」と「地域」に着目して各章の叙述を進めていく。そのため，本章では，個別のテーマに先立って，B52撤去運動や経済開発といった「出来事そのもの」が置かれた1960年代後半の沖縄社会をめぐる時代背景と，本論で主に対象として扱うコザと嘉手納という「地域」のありようについて整理する。

　以上の内容から，本章は，本論全体を理解するうえで必要な事柄を扱った章と言える。なお，ここでは，本書のテーマとの関連で，1950年代の「島ぐるみ闘争」の概要と，その運動がもたらした変化についても触れている。

Ⅰ　「島ぐるみ闘争」としての土地闘争：1950年代から60年代へ

　一般的に，「島ぐるみ闘争」と呼ばれる土地闘争[1]とは，1950年代に入り沖縄の恒久基地化路線が固まるなかで，「土地を守る」ことを一致点として行われた運動のことをさしている。サンフランシスコ講和条約の締結後の1953年4月には，占領において民政を担当していたUSCARが，「土地収用令」（布令第109号[2]）を施行し，強制的に基地の拡張を行うための制度を整えた。そして，同年12月から1955年にかけて，契約を拒否する農民たちの土地を，銃剣を携えた武装米兵とブルドーザーによって強制接収した（真和志村安謝・銘苅，小禄村具志，宜野湾村伊佐浜，伊江村真謝）。この強制接収と合わせ，USCARは，「軍用地料の一括払い」の方針を1954年3月に打ち出したが，実質的な土地の買上げにつながるとして反発も大きく，立法機関と

しての役割を担っていた立法院では「土地を守る四原則」が決議され，方針の見直しを求める折衝団が米国に派遣された。この四原則は，その後の運動のなかで一致点として掲げられたが，①土地の買い上げ，地代一括払い反対，②地代の適正補償および毎年払い，③損害賠償の請求，④新規土地接収への反対，の四つをさすものである。

　このような反対を受け，米国側は，米下院軍事委員会特別分科会委員長であったメルヴィン・プライスを団長とする調査団を派遣したが，1956年6月に調査を受けて出されたプライス勧告は，沖縄統治の軍事的意義を強調し，新規土地接収や軍用地料の一括払いという従来の方針を踏襲するものであった。これに対して，当時の比嘉秀平主席を筆頭に抗議のための総辞職を打ち出すなか，全島で四原則の実施をめぐる運動が高まり，いわゆる「島ぐるみ闘争」へと発展していった。

　一方，この動きをけん制するかたちで，米軍当局は，沖縄島中部において，米兵の立入り禁止を意味する「オフ・リミッツ」（off limits）[3]を発動し，経済的な制裁を加えるなどの分断策をとったのである。このようななか，オフ・リミッツによって経済活動に影響を受ける基地関連の業者と，土地を奪われた人びとが対峙する局面も生み出され，また，親米派と目されていた比嘉主席や沖縄民主党がこの運動から離脱していった。

　ただ，その後も地代一括払いの阻止を目的とした運動は続けられ，一連の問題は，1958年6月，沖縄からの代表団を含めたワシントンでの現地折衝の結果，「一括払いの放棄」「毎年払い」および「適正地代」によって終結した。このことは，沖縄の側からすれば，基地の存在を一定程度容認することで，経済的な面での譲歩を引き出し，妥結を図ることになったと言える。だが，同時に，鳥山が指摘するように，「島ぐるみ闘争」の過程では，「占領政策に対する拒絶の意志が込められており，それが広汎な人々に共有されたことによって，それ以前の沖縄社会とは大きく異なる状況が生み出された」（鳥山2013：262）のである。

　このような変化は，結果的に，基地の安定的な維持・運用という米国側の目的をゆるがし，統治方式の転換と，沖縄からの復帰運動につながっていっ

た。前者については，日米による沖縄への「援助」体制の強化によって経済成長を図ることへと帰結し（それを通して基地への不満を抑え込む），また，後者については，1960年の復帰協の結成をかわきりとして，占領による抑圧から脱することを目的とした，広範な人びとによる復帰運動の展開となって現れ出てくることになる。だが，この復帰運動は，運動の一翼を担っていた教職員会[4]が革新勢力として自己を規定してゆくなかで，保守勢力との対立が顕在化したことで困難になっていったとされる（櫻澤2012a）。

その分岐点となったのが，1966年から翌年にかけての教公二法阻止闘争[5]であり，これを転機として復帰運動を牽引していた復帰協の軍事基地反対路線と，保守勢力の基地・施政権分離返還論とが対立した。そして，1969年11月の佐藤・ニクソン会談による「核抜き・本土並み・1972年返還」の表明によって基地の固定化という既定路線が確立されるなか，「島ぐるみ闘争」はより困難な状況に置かれることになる。上述の「島ぐるみ闘争」の過程は，鳥山の指摘する「占領政策に対する拒絶」のみならず，「四原則」の提示（土地闘争）や復帰の実現（復帰運動）といった自らの選択肢をつくり出そうとする営みとともに，占領統治のなかで，それら選択肢が剥奪されていく過程でもあったと言える。

しかし，このような時期においてすら，「占領政策に対する拒絶」や「島ぐるみ」をめざそうとする志向そのものが，潰えてしまったわけではなかったのだ。この局面を検討するため，Ⅱでは，1960年代後半がどのような時代であったのかをみておきたい。

Ⅱ　1960年代後半とはどのような時代か

1　日本復帰をめぐる政治情勢の変化

本書では，保革対立が顕在化したとされる1967年から，外資導入と尖閣開発の帰結が明確となる72年末までの時期を主な対象としている。以下では，1967年という年を起点とした理由と合わせて，復帰をめぐる1960年代

後半の政治情勢の変化についてみていく。

同時期の主要な政治情勢の変化としては，次の三つを挙げることができる。

第一の変化として挙げられるのは，この年に，返還の方向性が具体化し，日本本土との経済的な面での一体化が現実味を帯びた点である。1965年8月の佐藤栄作首相による訪沖後，復帰をめぐる議論は具体性を帯びたとされる[6]。既に1950年代から基地と施政権とを分ける分離返還論は議論されていたが[7]，日本政府の返還に関わる方針が定まっていくのは，1966年から翌年にかけてであった。

1967年1月に，佐藤首相は，森清総務長官や沖縄問題懇談会（座長大浜信泉）が主張していた教育権の分離返還を否定するかたちで，全面返還が望ましいことを語っていた（宮里2000：248）。その後，2月には，外務次官であった下田武三が，核の持ち込みを含めた基地の自由使用を容認することで，早期返還が達成できるとして社会問題となった（いわゆる「下田発言」）。この発言を否定するかたちで，3月に入り日本政府からは「統一見解」として施政権の全面返還を建て前とする公的な見解が出されることになる[8]。こうした一連の動きに対しては，教育権の分離返還を求めてきた沖縄問題懇談会からの反発はあったものの，基本的な返還路線は，全面返還を建て前としつつも，基地の使用を容認させる方向へと具体化していった。

また，革新勢力とされた復帰協を含めた多くの政党や団体は，「即時復帰」（「即時無条件返還」）という立場をとっており，上記のような核や基地使用をめぐる条件と分離返還を認めない立場であった。そこで求められたのは，「段階的にではなく即時に」（時期），「核つきや基地の自由使用といった条件なしに」（条件），「機能や地域にとらわれず全面的に」（態様），復帰（返還）を求めるものであった。

第2章で詳しく扱うが，日本政府による返還路線が固まるなか，この年の11月には，佐藤・ジョンソン会談が行われ，経済的な面も含めた，沖縄の日本本土への一体化路線が確定する。この過程において，沖縄の人びとのなかでは，復帰のあり方をめぐって不安が語られたが，政治的なレベルでの返還路線が決まり，経済面での一体化策が提示されるなか，復帰が現実のもの

第1章　1960年代後半の沖縄における基地社会の諸相　33

として捉えられていった。本書では，復帰への不安が語られると同時に，そ
れが具体化した年として1967年を位置づけ，1960年代後半の政治情勢にお
ける起点と捉える。

　次に重要な情勢の変化としては，この年に，いわゆる保革対立が顕在化し，
主要な選挙において沖縄自民党と革新共闘会議が争う「68年体制」の下地
がつくられた，という点である。本章のIでも述べたように，1966年から
67年前半にかけて，沖縄民主党などのいわゆる保守勢力が中心となり，復
帰運動の一翼を担っていた教職員会の勢力拡大を阻もうとした（教公二法制
定をめぐる対立）。教職員会を中心とした教公二法阻止闘争は，結果的に，い
わゆる革新勢力を結集させることとなり（櫻澤2012a），1967年3月には，教
職員会の基地に対する態度の明確化に伴って，復帰協において「軍事基地反
対」の方針がとられた。それまで，復帰協は，基地に対する態度を明確にし
ていなかったが，このように態度を明らかにしたことで，保守と革新との対
立が決定的になったとされる（同上）。本書では，保革対立が顕在化したと
される1967年以降に焦点を当てることで，保守や革新といったカテゴリー
にはおさまらない，「島ぐるみ」の運動の様相に迫りたい。

　最後に挙げる情勢の変化は，復帰の具体化と時期を同じくして，この年に，
大型石油外資の沖縄進出（4月以降）が社会問題化し，復帰後の沖縄経済の
あり方として工業化路線が浮上したという点である。上で触れた復帰への不
安は，復帰後の経済活動の先行きが見通せないことの現れであった。だが，
1967年に入り，工業化路線に焦点が当たるなかで，沖縄経済のあり方や可
能性を議論する素地ができたと言える。外資導入においては工場建設や公害
をめぐって対立も顕在化していたが，工業化路線のなかで模索された尖閣開
発では，2・4ゼネスト回避後も「可能性の残された領域」として，県益擁護
運動が取り組まれた。本書では，まさに沖縄経済の可能性が語られはじめる
時期として，1967年という年と，1960年代後半の社会変容を重視する。

　本書で検討することになる，B52撤去運動や尖閣開発をめぐる県益擁護運
動は，以上のような，1960年代後半の情勢変化のなかで展開されたもので
ある。まず，ここで挙げた，大きな時代情勢について捉えてほしい。

2 1960年代後半の基地社会

次に，1960年代後半の基地をめぐる経済活動についてみてみよう。

戦後の沖縄経済のあり方や人びとの生活は，基地と切り離すことができず，また，基地をめぐる経済活動が地域のあり方に深く埋め込まれてきたと言える（以下，そのような社会を「基地社会」と呼ぶ[9]）。このことは，戦後占領期の米国の経済政策が，基地をいかに維持し，拡張するのかという基本方針のもとで打ち出されてきたことを背景としている（琉球銀行調査部［編］1984，来間1990，杉野・岩田［編］1990など）。そのため，沖縄経済の歴史と特徴は，基地との関わりぬきに理解することはできない。

たとえば，現在でも沖縄経済の主要産業の一つとされる建設業の成立は，1950年代前半の基地建設ブームを歴史的な背景とするものであり，また，基地の維持に直結しない製造業については積極的な育成策が取られてこなかった。そのなかで，生活に必要な必需品の多くを，輸入価格の抑制によって経済圏の外から確保しようとしたため[10]，卸売・小売業といった，第三次産業の比重の高い経済構造が形成されていった。加えて，後述するコザや嘉手納などの基地周辺では，米軍・米兵向けの商店街，歓楽街（特飲街）や貸住宅業といった経済活動も行われており，この面からも基地と密接であったことがうかがい知れるだろう。

このような沖縄経済のあり方に対しては，既に1950年代半ばには「基地経済」のいびつさが指摘され，「自立経済」の構築が求められていた[11]。しかし，1960年代前半にかけて，成長要因として期待されていたサトウキビ生産は，63年の日本政府による粗糖輸入自由化の決定により頭打ちとなった（鳥山2011：136-137）。その一方で，この時期に増加したのは，米軍関係受取（基地労働者の賃金，軍用地料および軍人・軍属の個人消費）で，県民総生産に対して2割台後半から3割以上を占めることになる（表1）[12]。復帰前の沖縄経済は，日本の経済圏から切り離されていたため，いわゆる「高度経済成長」という経験を共有していなかったが（鳥山2011および屋嘉比2009），それは，当時の沖縄経済の規模に変化がなかったことを意味しない。とりわけ，

第 1 章　1960 年代後半の沖縄における基地社会の諸相　35

表 1　日本復帰前の沖縄経済の規模と推移

(実数：単位百万ドル，括弧内：単位％)

項目	1965 年度	1966 年度	1967 年度	1968 年度	1969 年度	1970 年度
県民総生産	386.6 (14.4)	452.8 (17.1)	543.3 (20)	641.9 (18.1)	721　(12.3)	850.7 (18)
県民純生産	362.8 (14.4)	424.9 (17.1)	510.2 (20.1)	602.9 (18.2)	676.8 (12.3)	798.6 (18)
県民所得	340.1 (14.6)	398　(17)	473.5 (19)	557.7 (17.8)	631.5 (13.2)	743.9 (17.8)
米軍関係受取	105.5 (27.2)	113.5 (25)	202.5 (37.2)	200.8 (31.2)	232.3 (32.2)	295.2 (34.7)

注：基地依存度の指標に関する議論はあるが（米間 1990），ここでは，県民総生産に対
する米軍関係受取の割合とした。また，括弧内については，「県民総生産」「県民純生
産」「県民所得」では成長率，「米軍関係受取」では基地依存度を示している。

出典：琉球銀行調査部［編］(1984) の付録 10-1 および 11-1 を加工。

1965 年度以降の時期は，日本政府からの財政援助の拡大と，ベトナム戦争
による基地関連収入の拡大によって，年度平均 17％を超える成長率を維持
していた（表 1)。

　この成長率の意味するところは，屋嘉比の指摘するように「沖縄の高度経
済成長は，東アジア冷戦構造下のアメリカの軍事政治戦略に強く縁取られて
おり，その枠組みのなかでの高度経済成長である」（屋嘉比 2009：266)，と
いうことであった。

　そのため，1960 年代後半には，一時的な「ベトナム景気」への期待と同
時に，先行きへの不安が常につきまとっていた。1966 年には，コザでベト
ナムからの帰休兵向けのホテル建設ブームが起き[13]，翌年にかけて建設需要
の拡大により，資材不足が問題となるほどであった[14]。しかし，その一方で，
1967 年の 6 月頃からは，歓楽街（特飲街）での米兵の減少や米軍を相手にし
た商店街の苦境が語られ[15]，また，米兵向けの貸住宅業の乱立により過当競
争が危ぶまれる[16]など，ベトナム景気にもかげりがみえはじめていた。こう
いった 1960 年代後半の基地社会の状況のなか，Ⅱの 1 でみたように，復帰
のあり方とそれに伴った基地の扱いに関心が集まることになる。

Ⅲ　1960年代後半の基地社会と中部地域 (コザ，嘉手納)

　次に，Ⅲでは，1968年にかけて，米国と朝鮮民主主義人民共和国との緊張 (プエブロ号事件) やテト攻勢にはじまるベトナム戦争のいっそうの激化により嘉手納基地が前線基地化するなか，その影響を強く受けたコザと嘉手納という二つの地域の経済活動の様相についてみていく。この二つの地域は，ともに嘉手納基地に隣接し，経済活動の多くを基地との関わりで成り立たせていた。そのため，これらの地域では，基地あるがゆえの生活を強く意識せざるをえなかったが，一方のコザでは，即時復帰反対論からイモ・ハダシ論へとつながる組織的な動きが顕在化し，もう一方の嘉手納では，B52撤去運動が地域から展開されることになる。

　従来の沖縄戦後史研究では，都市化，歓楽街 (特飲街) の形成や基地文化についての関心が高かったため，コザへの言及は多くなされてきた反面で，[17]嘉手納を含む他の基地周辺地域に対する関心は相対的に低かったと言える (図1)。たしかに，歓楽街 (特飲街) の規模の大きさなどに違いはあるが，嘉手納においても，土地面積の8割以上を基地が占め，多くの人びとが基地関連の経済活動に従事していたことを考えると，コザのみで当時の基地社会を語ることはできない。上記の点も踏まえ，ここでは，1960年代後半のコザと嘉手納における経済活動の様相について，基地との関わりの歴史を含めて，それぞれみていく。

1　コザにおける基地社会の様相

　戦前において，コザ地域は，嘉手納と同様に農村地域であり，越来村と呼ばれていた。戦後，基地の構築により土地を奪われた人びとの多くは，それまで従事していた農業を続けることができず，基地に隣接するコザや那覇などの都市部への移動を強いられた。その多くが基地に関わる労働に従事したが，コザには，沖縄島だけでなく奄美諸島から移り住む者もいた。[18]1950年代に入り，恒久基地化という占領方針が決まるなか，米兵による買春の場と

第 1 章　1960 年代後半の沖縄における基地社会の諸相　37

図 1　日本復帰前の沖縄諸島全図と軍用地

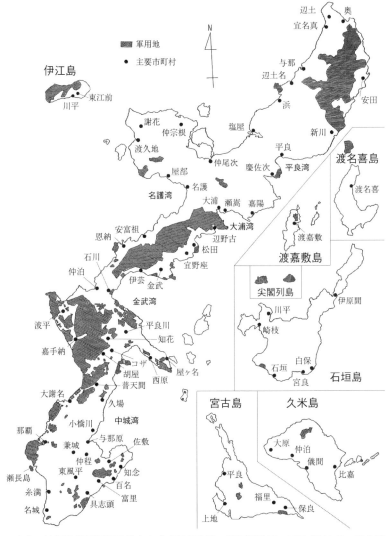

出典：沖縄県祖国復帰協議会文書「最新沖縄の米軍用地図　1971 年 10 月　原水協調査資料」沖縄県公文書館所蔵（R10001208B）を一部加工。使用に際しては，沖縄平和運動センターに確認を行った。

図2　嘉手納基地とコザ市のメインストリート

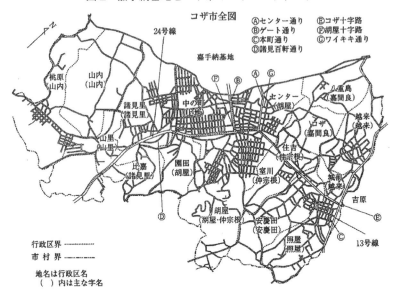

出典：小野沢（2013）：72

もなった歓楽街（特飲街）を形成した八重島や，商業用のビジネスセンター向けの用地（現在のセンター通り）が解放され，「基地の街」としての性格が色濃くなっていった（図2）。

1956年にコザ市となるまでの越来村の歩みは，小野沢あかね（2013）が指摘するように「米軍人軍属向けの『特飲街』（買春街）の発展と軌を一にして」（小野沢2013：71）いたと言える。このように，コザでは，米軍・米兵向けの歓楽街（特飲街）や商店街などのサービス業が中心であったため，性病罹患や売春行為などを理由に米軍当局から発せられるオフ・リミッツによって，経済活動に影響が出ることもたびたびあった。このような問題は，1950年代後半から60年代前半にかけて議論され，「自立経済」の構築に向けた取り組みも行われていたようだが，1965年以降のベトナム景気による活況を前にして，産業構造自体を変えるものとはならなかった。

第1章　1960年代後半の沖縄における基地社会の諸相　　39

　また，基本的な点であるが，図2および図3からもわかる通り，コザ市は，嘉手納基地の滑走路側に面している嘉手納村とは異なり，米兵の出入りするゲートに面して都市が形成されていった（ゲート通りなど）。このような地理的な特徴は，コザの人びとに対し，米軍・米兵を相手にしながら経済活動を成り立たせていることを強く意識させたと言えるだろう。

　それでは，本書で扱う1960年代後半のコザにおける経済活動は，どのようなものであったのだろうか。上述のように，戦後，一部解放された土地はあったが，1969年12月時点でも，コザ市の面積の63％を基地が占めていた[20]。そのため，この時期においても基地と経済活動のあり方は，密接に結びついていた。ベトナム景気を受けた状況を捉えるため，ここでは，『コザ市勢要覧』（1969年版）と1968年に行われたコザ市の調査をもとにした『コザ市の商工業』（コザ市商工観光課）[21]から経済活動の実態についてみてみよう。

　まず，産業全体のありようであるが，『コザ市勢要覧』によると，産業別の就業者数の7割近くを卸小売業（37％）とサービス業（32％）という第三次産業が占め，第二次産業は14％（建設業8％と製造業6％），農業は6％となっていた。この就業構造からもわかる通り，上述した1950年代の基地社会の特徴が，この時期にも引き継がれていたと言える。

　次に，産業全体の大半を占めていた商工業の実態を，『コザ市の商工業』からみてみよう。同報告書によると，商工業全体の規模は，事業所総数3,467軒（従業員総数は11,431人）となっており，各産業の比率は，建設業1.2％（41軒），製造業11.6％（401軒），卸小売業62.6％（2,173軒），金融保険不動産業1％（35軒），運輸通信業0.8％（26軒），サービス業22.8％（791軒）という構成であった。このうち卸小売業とサービス業を合計すると85％以上を占めていたことから，この報告書では，コザ経済の特徴について，「第3次産業が主力を占めている消費都市の形態」（コザ市商工観光課［編］1968：1）であると指摘していた。この突出している卸小売業のなかでも，飲食店に分類された「バーキャバレーサロン」が532軒を占め，米兵向けも含めた売買春（性産業）に関わる店舗が24％以上となっていた。小野沢の指摘するように，製造業における「衣服製造業」（240軒）やサービス業における「ホ

テル旅館業」（138軒）も売買春と密接な業種だったことを考慮に入れると（小野沢2013：74-78）[22]，売買春に関連すると考えられる事業所の割合は，ここでの事業所総数の4分の1にもおよんでいた。

　この報告書で触れられている通り，第三次産業の業者の多数が「生業的零細業者」であり，また，それらの業者が，商店街や歓楽街（特飲街）における組合の構成メンバーであったことも考えると，上述した基地関連業のコザ地域における比重の大きさがわかるだろう。まさに，このような経済構造を背景として，コザ商工会議所や基地関連業者を中心に，1967年9月以降，即時復帰を不安視する議論が展開されることになる（第2章において検討）。

2　嘉手納における基地社会の様相[23]

　続いて，嘉手納という地域についてみていこう。戦前の嘉手納は，北谷村の一部で，農業を中心とした農村地域であった。県営鉄道嘉手納線の終着点であったことから，そこには，県立農林学校や沖縄青年師範学校[24]などの教育施設，警察署や沖縄製糖嘉手納工場が置かれるなど，中部における中心的な地域でもあった。戦時中，日本軍が構築した中飛行場は，沖縄戦のさなかに米軍によって基地として接収され，滑走路は拡張されていった。

　戦後，1947年には，嘉手納出身者の他地域からの帰郷が許され，人びとは残された土地に集住することになった（図3）。なかには，元々住んでいた字（集落）の土地が基地によって奪われたため，いくつかの集落に分散して住むことを強いられる者や，村外への居住を選択する者たちもいた[25]。その後，翌年の5月には，それまで許されていた基地内の通行が禁止されたことで，村役所（北谷村桃原区）までの道のりを迂回せねばならなくなった。そのため，移動に4〜5時間を要し，日常生活や行政にも支障が出ることとなった。このような事情から，1948年12月には，人口3,879人で北谷村から分村し，「嘉手納村」として戦後の歩みをはじめたのである。

　分村後，沖縄の恒久基地化の決定と1950年の朝鮮戦争の勃発によって，嘉手納基地は，「極東最大の空軍基地」として整備・拡張されていった。嘉手納の人びとは，基地が村域の8割以上を占めていたため，残りの限られた

図3 戦後の嘉手納村における集落の再編

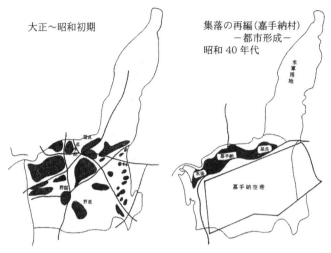

出典：北谷町史編集委員会［編］(2005)：706

土地で生活を営まざるをえなかった（図3）。そのなかでも、1955年頃までには、沖映館などの映画館が4軒も建設され活況を呈したが、嘉手納もまたコザと同様に「基地の街」として出発することになった。この時期には、米兵向けのバーや歓楽街（特飲街）もでき（後にオフ・リミッツで衰退）、基地での労働を求めて北部の本部から移住してくる者もいた。戦後、段階的に軍用地の一部返還は行われたが、使用できる土地は限られていたため、軍用地内の土地の一部耕作を認めさせ、農業生産に従事してきた（いわゆる「黙認耕作地」）。また、上述したように、嘉手納の集落は、嘉手納基地の滑走路側に面しているため、騒音（爆音）などの公害や米軍機事故の危険性のもとでの生活を強いられることとなった。

以上の歴史的背景を踏まえ、本書で扱う1960年代後半の嘉手納における経済活動の実態についてみていこう。1967年6月に出された『嘉手納村のすがた』（嘉手納村役所）によると、この時期においても、村の総面積449万2,654坪に対して軍用地が394万4,327坪となっており、87％以上が軍用地

によって占められていた。農業に従事する者にとって不可欠な耕地面積は，全体の41万5,690坪のうち，民間使用地面積はわずか4万7,099坪と約1割程度しかなく，残りは軍用地内の黙認耕作地であった。また，産業別の就業人口（1965年10月国勢調査）としては，全就業人口4,791人に対し，従事者（就業比率）の多い主要なものから，サービス業・卸小売業2,876人（60%），建設業637人（13.2%），農業409人（8.5%）となっている。加えて，雇用労働者である3,397人のうち，米軍に雇用される者が，1,252人にのぼり3割以上を占めていた。コザ市と同様に，嘉手納村においても，サービス業・卸小売業の比率が最も高く，また，雇用労働者のなかでも基地労働の割合の高さがうかがえる。この年の米軍人・軍属を対象としたサービス業・卸小売業の内訳は不明だが，1970年に嘉手納村が公表した資料によると，697人（150軒）が米軍人・軍属を対象として商売を営んでいたことが示されている[26]。

　コザと比べて嘉手納に特徴的なのは，農業と建設業の割合の高さである。後者の建設業については，基地との関わりも深く，1957年頃からはじまった米兵向けの貸住宅の建設を背景としていた。この貸住宅建設は，1965年にはピークに達し，沖縄全体で1万1,000戸が建設されたと言われているが，嘉手納においても約600戸あまりが建設されていた（屋良誌編纂委員会［編］1992：647-648）。このように，1960年代後半にかけての嘉手納は，コザと同様に「基地の街」としての特徴をもっており，人びとの経済活動もこの条件に規定されていたと言える。

まとめと小括

　本章では，第2章以降を理解するうえで必要となる，1960年代後半の基地社会の諸相について検討してきた。この時期は，復帰をめぐる動きだけでなく，基地社会のあり方そのものが問われた時期でもあった。Ⅲで取り上げたように，コザと嘉手納という地域は，それぞれ戦後の基地建設との関わりのなかでかたちづくられ，まさに，その環境のもとで経済活動が営まれてきたことがわかる。ただし，基地と密接なかたちで形成された広義の生活への

認識は，次章以降で詳細に検討していくように，基地社会といっても必ずしも一様なものではなかった。ここで示した，基地周辺地域における経済活動のありようも踏まえて，具体的な「島ぐるみ」の運動の検討に入っていこう。

[註]

⑴ ここでの「島ぐるみ闘争」に関する記述は，「沖縄戦後新聞第2号」（『琉新』2016年7月28日），鳥山（2013）および櫻澤（2015）を参考にまとめた。

⑵ 布告（Proclamation）・布令（Ordinance）・指令（Directive）とは，占領統治にあたって米軍政府やUSCARが制定・公布した法令の形式である。1945年から72年までの間に約1,400件にもおよぶ布告・布令・指令が出された。これらは，沖縄側が制定した法令の上位法規として位置づけられており，沖縄住民の権利を侵害するようなものもみられた。

⑶ オフ・リミッツとは，米軍人・軍属に対して発せられた立入り禁止措置をさしている。米軍の側は，衛生，風紀上の問題や治安維持を根拠としていたが，経済制裁的な意味合いが強かった（波平2006：33）。また，立入り禁止の範囲は，地区・地域単位から沖縄全島を対象としたものまでさまざまであった。

⑷ 戦後初の教職員の全島組織は，1947年に結成された沖縄教育連合会であるが，半官半民的な組織であったため，より自主的な組織の結成のためにこれを改組し，52年に沖縄教職員会が発足した。教職員会は，12の地区教職員会の連合組織であり，また，労働組合とは異なり，校長から事務職員までを会員とした職能団体的な組織であった（組織形態は社団法人）。同組織は，復帰を前にした1971年には，組合へ移行し沖縄県教職員組合となった。また，高等学校については，琉球政府の管轄下にあったため，1967年7月に沖縄教職員会高校部から独立し，沖縄県高等学校教職員組合として，早い段階で組合化が図られた（沖教組10年史編集委員会［編］1985：24-40および櫻澤2012a：70）。

⑸ 地方教育区公務員法および教育公務員特例法の制定に対する教職員会を中心とした反対運動。この運動では，政治的行為や争議行為の制限・禁止など教職員の身分が主な争点となった。

⑹ 先行研究においては，復帰が具体化する契機として，佐藤訪沖が位置づけられている（櫻澤2012a：173-176，琉球銀行調査部［編］1984：703-707，宮里2000：245-247など）。

⑺ 分離返還論には，軍事施設のある地域に施政権を限定する「地域別分離論」と，基地の維持に必要な権限以外を返還する「機能別分離論」の二つがあった（宮里2000：247，琉球銀行調査部［編］1984：722-723）。前者は米国政府内で議論されたが，その度に否定され，また，後者は教育権の分離返還論として日

本側で主に議論された（宮里 2000：同上）。

(8) ただし，ここでの全面返還とは，施政権の全面返還であり基地撤去を意味するものではなかった。たとえば，公式表明前の外務省サイドでの議論では（3月18，19日），一方で，全面返還方針で臨むことが正論であるとしながらも，「沖縄基地の自由使用を保証したうえでの施政権返還」を容認するものであった（琉球銀行調査部［編］1984：730）。これは，本論で触れた下田発言の内容を実質的には踏襲したものであったと言える。

(9) 近年，沖縄戦後史研究では，戦後から1950年代半ばまでの基地社会の形成（鳥山 2013）や，復帰にいたる沖縄の政治家と基地問題との関わり（平良 2012），などについての研究が進んできている。

(10) 沖縄では，1958年のドル切替まで，B円という軍票を使用していたが，1ドル＝120B円というB円高のレートであった。

(11) 1955年には『経済振興第1次5ヵ年計画』が琉球政府の手によって策定されている。既に，この計画では基地経済のいびつさが指摘されていた（琉球銀行調査部［編］1984：346-353）。この計画については，「『援助』から『開発』への転換」という論点と関わって第5章で取り上げている。また，1950年代における「基地経済」と「自立経済」に関わる研究としては，櫻澤（2012b）などがある。

(12) 来間（1990）では，国民総需要に対する基地需要（基地収入）によって，基地依存度を算定する方式をとっている。それによると，県民総生産よりも国民総需要の規模は大きくなるため，本論よりも依存度は小さく算出され，1965年度17.1％，66年度18.3％，67年度20.5％という値になる（来間 1990：145）。比率には相違があるが，この算定方式からも，1963年度以降20％を下回っていた依存度が，67年度に20％を超え，拡大していたことがみてとれる。

(13) 『沖タ』1966年6月30日。

(14) 『琉新』1967年6月4日。

(15) 『琉新』1967年6月11日および7月4日。

(16) 『琉新』1967年6月29日。

(17) 歓楽街（特飲街）における性産業の歴史については，本論で触れた小野沢（2000・2006・2013）による研究以外にも，嘉陽義治（2007），山﨑孝史（2008）および菊地夏野（2008）などがある。都市形成との関わりで歓楽街（特飲街）に触れたものとしては，波平勇夫（2006）や加藤政洋（2014a・2014b）が，また，基地との関わりにおいて形成された音楽文化を扱った沖縄国際大学文学部社会学科石原ゼミナール［編］（1994）もある。管見の限りでは，コザ以外の基地周辺地域との比較を行った研究としては，基地返還跡地の利用戦略に触れた山﨑（2009）もあるが，そこでも嘉手納は扱われていない。

第 1 章　1960 年代後半の沖縄における基地社会の諸相　　45

⒅　占領下のコザへの人の移動については，三上絢子（2013）を参照のこと。

⒆　拙稿（2016a）では，1950 年代後半から 60 年代初頭のコザにおいて，基地経済からの脱却のために第一次産業の開発を重視していた点を明らかにした。『コザ市史』では，1960 年代前半に営農指導の強化と集約農業の徹底によって農業収益が拡大したこと，また，第 13 回中部地区産業共進会では戦前戦後を通して初の優勝をしたことなどが取り上げられている（コザ市［編］1974：660-662）。また，『コザ市報』は，市当局によるいちご栽培の研究や畜産業の奨励について報じている（第 54 号，1962 年 4 月 30 日発行）。この点については，当時，コザ市長であった大山の著書において「基地経済からの脱却と第一次産業の振興策」として触れられている（大山 1977：216-221）。本論で述べたように，これらの取り組みは，ベトナム景気によって産業構造を変えるにはいたらなかった。だが，第一次産業の開発が基地経済からの脱却を掲げ，具体的に取り組まれていた点については，今後，より詳細な検討が待たれる。

⒇　琉球政府企画局統計庁分析普及課［編］（1971）の『沖縄統計年鑑』（1969 年）によると，コザ市全体の面積は 773 万 7,950 坪（元データの㎢を坪に換算）であるのに対して，軍用地面積は 489 万 8,503 坪となっている。

㉑　ここでは，コザ市商工観光課［編］（1968）を参照した。小野沢は，これらの資料を経年で扱い，ジェンダー的な視点から分析し，コザにおける女性労働の比重の高さについて示している（小野沢 2013）。そこでの指摘は重要だが，本書では，主題との関連から就業構造のみを取り上げている。

㉒　「衣服製造業」と「ホテル旅館業」に関連して，ホステスや米兵による服の注文や，買春の場としてホテルが用いられていたことが挙げられている。また，基地内の商品を横流ししていた小売業や，ホステスを顧客とする美容業も基地に関わる経済活動であるとされている。

㉓　ここで記述した嘉手納の歴史については，嘉手納町役場企画課［編］（1983）および嘉手納町史編纂審議会［編］（2010）を参考にした。

㉔　農業などを中心とした青年学校の教員養成のための教育機関。沖縄県立青年学校教員養成所と呼称されていたが，1944 年 2 月の「師範教育令」の改正に伴って官立に移管され，沖縄青年師範学校と改称された。沖縄戦の終戦におよんで廃校となった（照屋・山城 1983）。

㉕　戦前，嘉手納には 13 の字が存在していた。そのうち屋良，嘉手納，嘉手納大通り，嘉前および水釜の五つの字以外は，戦後に軍用地として接収されたため，他の集落や村外に分散して居住することとなった（嘉手納町史編纂審議会［編］2010：498）。しかし，旧字に対する地縁的な意識や結びつきは強く，共栄会や郷友会といった組織をつくり，祭祀行事を維持している。その点については，旧字によって編さんされた字史誌を参照のこと（千原誌編集委員会 2001 および

字野里誌編集委員会 2004 など）。

(26) 嘉手納村役所（1970）によると，サービス自由業に区分される主要な業種として，「キャバレー」「サロン」および「トリスバー」が従業員363人（66軒），「カフェー」が従業員120人（40軒），「洗濯業」が従業員76人（5軒）となっている（嘉手納村役所1970：3）。前述のコザにおける「バーキャバレーサロン」（532軒）に比べると，嘉手納の歓楽街（特飲街）の規模は小さいように思えるが，就業人口からすると無視できない大きさである。

第2章　即時復帰反対論の展開と
「島ぐるみ」の運動の困難

はじめに

　本書で検討する 1960 年代後半の「島ぐるみ」の運動は，保革対立の顕在化と，それと関わって焦点として浮上した復帰や基地をめぐる認識上の亀裂（対立）の深まりという歴史的な条件ぬきに理解することはできない。そこで，第2章では，いわゆる「島ぐるみ闘争」が困難になったとされる時期（1967〜68年）を取り上げ，復帰や基地をめぐる認識が問われることになった，即時復帰反対論からイモ・ハダシ論へといたる論争の過程から，「島ぐるみ」の運動の置かれていた条件を明らかにする。

　「島ぐるみ」の運動が困難となっていた背景には，櫻澤の指摘したような革新側の自己規定だけでなく，米国による統治や基地社会から利益を得ていた「受益者層」（新崎 2005a・2013）によって主張された「基地反対か経済か」の選択を迫る社会的な亀裂（対立）も存在していた。本章では，1968 年夏頃にかけて，イモ・ハダシ論というかたちをとった「基地反対か経済か」を迫る「生活・生命への想い」の源流と，その展開について，第1章でみてきた沖縄経済や復帰をめぐる情勢とも関連づけて検討する。

　従来の先行研究では，イモ・ハダシ論の歴史的背景にまで迫るような研究は限られており（鳥山 2009），また，この論争の源流になったと考えられる即時復帰反対論については沖縄戦後史研究において扱われることはなかった。そのため，本章では，即時復帰反対論からイモ・ハダシ論へといたる過程をたんねんに跡づけることで，そこで提示された認識のありようを検討していきたい。

I　即時復帰反対論をめぐる社会・経済的背景とその論理

　本節では，1967 年 9 月以降に展開された即時復帰反対論について，その
主張の基本的な特徴と社会・経済的な背景について記述する。この即時復帰
反対論の焦点は，当時，展開されていた即時復帰論を非現実的として批判す
るとともに，経済的な不安の解消を前提として復帰を求めることにあった。
そのため，この主張の論理は，復帰をめぐる対立構図と，当時の沖縄経済の
実態に深く根ざしていた。

　そこで，まず，本節では，それらの社会・経済的な要因について，第 1 章
を踏まえて簡潔にまとめる。また，当初，即時復帰反対論は，『時報』とい
うメディアにおいて限定的に取り上げられたにすぎなかった。そのため，社
会・経済的な背景とともに，1960 年代後半の言論界と経済界との関わりに
ついても検討する。これらの理解を踏まえて，即時復帰反対論そのものの内
容について明らかにする。

1　即時復帰反対論をめぐる社会・経済的な背景

　1967 年の 9 月以降に主張された即時復帰反対論の背景には，第 1 章で述
べたような，復帰の具体化と不安の顕在化，保革対立の浮上および沖縄経済
自体の変化という三つの要因が存在していた。以下では，第 1 章の内容も受
けて，これら三つの点についてまとめておこう。

　第一の点は，復帰をめぐる動きである。1965 年以降，一方で，復帰が現
実味を帯びながらも，即時復帰反対論の展開された時期には，日米政府の公
式な方針が不明確であった。だからこそ，この時期には，基地や復帰をめぐ
ってどのような態度をとるかが，議論の焦点として浮上してきていた。また，
第 1 章で言及したことに加えて，沖縄の人びとの復帰への意識を顕在化させ
たという点からすれば，1967 年 4 月の東京大学社会調査団や同年 7 月の琉
球新報社による世論調査の存在もみのがせないだろう。いずれの調査におい
ても「即時全面復帰」への支持が 4 割以上を占めていたが，この調査結果は，

復帰への態度や議論を表面化させる背景の一つになったと考えられる[1]。

　第二の保革対立の顕在化であるが，既述のように，1966年から翌年にかけての教公二法阻止闘争は，革新勢力を結集させ，復帰運動を牽引していた復帰協による「軍事基地反対」方針への転換の背景となった。これによって，保守と革新との対立が顕在化していったが，即時復帰反対論の主張は，この政治的な対立の高まりのなかで展開されることになる。

　第三の沖縄経済の変化については，この時期，ベトナム景気にもかげりがみえはじめるなか，復帰後の基地のあり方（撤去から現状維持まで）が，経済活動をめぐる関心事となっていたことが挙げられる。即時復帰反対論が打ち出される直前の1967年8月には，ベトナム戦争後の基地撤去論さえも浮上しており[2]，「基地の扱いがどうなるのか」が大きな不安をもたらしていた。その一方で，復帰に向けた動きとも関わって，USCARは1965年に自治権拡大の一環として外資導入の許認可権限を琉球政府に移譲しており（第5章で詳述[3]），また，日本政府は66年度から財政援助を大幅に拡大するなど，経済的な条件にも大きな変化がみられた。Ⅱで詳細に検討するが，1967年8月には，後の一体化政策に先鞭をつけた「沖縄経済発展の方向と施策」（以下，塚原ビジョン）が打ち出され，沖縄に対する積極的な経済開発策が構想されることになる。これらの背景には，軍部の意向を強く反映し，強硬路線をとったキャラウェイ高等弁務官が更迭され（1964年4月），その後，日米協調路線を重視するワトソンが高等弁務官に就任したことがあった（琉球銀行調査部［編］1984：691-713）。

　即時復帰反対論は，これら三つの要因がからみあうもとで，展開されることになる。以上の点を踏まえて，次項では，この主張を取り上げた『時報』というメディアの言論界における位置づけについてみていく。

2　即時復帰反対論と言論界における『沖縄時報』の位置

　当時，即時復帰反対論の論陣を張ったのは，『時報』という新聞であった。この主張の成立を考えるうえで，1967年8月1日に創刊された同紙の言論界での位置と，このようなメディアが求められた背景について理解する必要

がある。戦後沖縄の新聞は，1950年代に複数の新聞社による競合と廃刊が相次ぎ，60年代には『沖タ』と『琉新』の二紙の地位が確立していた[4]。そのようなメディア環境のなか，復帰を前にして発刊されたのが『時報』であった。この新聞は，創刊の目的として，沖縄の言論界をイデオロギー的に偏っていると正面から批判し，「不偏不党」の社是を掲げ，声なき声を代弁することを謳っていた[5]。そして，当初から「被害者的心情捨てよ」や「真面目な態度で復帰運動を」といった投稿を掲載し，復帰協による復帰運動に対する批判色を強く打ち出していた[6]。『時報』の創刊号において，社長に就任した崎間敏勝は，「自由と正義を主張し，公正，中立，的確な報道と不偏不当の批判を武器として郷土新聞界に新風を吹き込むことによって，民主的で健全な世論の育成に協力したい」[7]と創刊の意義を述べていた（図4）。

　では，そもそも，このようなメディアが求められた背景にはなにがあったのだろうか。沖縄時報社に勤務していた山城義男は，『時報』発刊の背景について次のように語っている。教公二法阻止闘争の後，復帰に慎重な経済界は，革新支持の傾向にある地元メディアに批判的な思いを抱いており，保守側の主張を代弁できる新たなメディアを求めていた。そのなか，経済界の中心的存在である國場幸太郎（國場組社長）と大城鎌吉（大城組社長）らが参加した会合で，「あたらしい日刊紙をつくろう」という提案が出され，その場で，國場から設立資金2万ドルが渡されたと山城は指摘している（山城 1994：240-241）。

　また，USCARにおいては，当時，琉球商工会議所の会頭を務めていた宮城仁四郎（琉球セメント社長）が，上記と同様の認識を根拠として「第三の日刊紙」（a third daily newspaper）を構想していることをつかみ，渉外局（Liaison Department）[8]に当該新聞の評価を求めていた[9]。

　この『時報』発刊に向けた動きは，1967年の2月頃からはじめられ，4月に組織結成のための会議がもたれた。その後，7月には最初となる株主総会を開き，8月から新聞を発刊しはじめたのである[10]。初代社長に就任したのは上述の崎間であるが，東京大学で学び（中退），その後大衆金融公庫総裁を務めていたこともあり，山城の指摘では，社会的な知名度の高さから推さ

図4　『沖縄時報』の創刊号の紙面

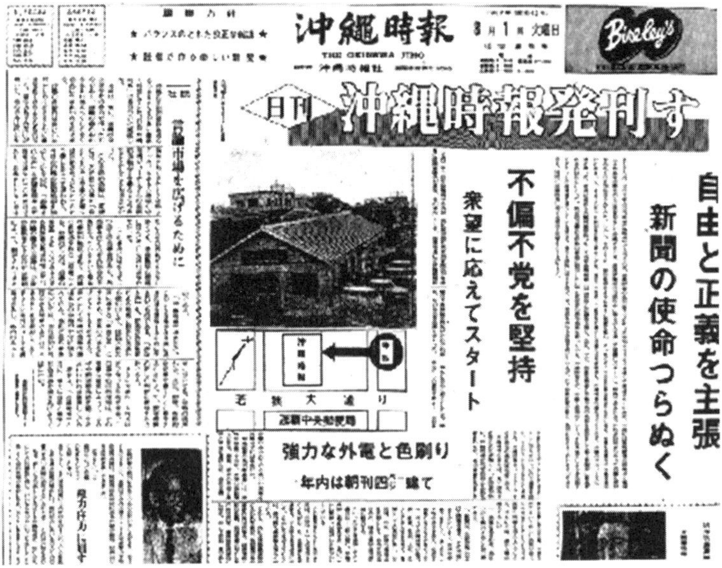
沖縄時報
日刊 沖縄時報発刊す
自由と正義を主張
新聞の使命つらぬく
不偏不党を堅持
衆望に応えてスタート
強力な外電と色刷り
言論市場を広げるために

『沖縄時報』1967年8月1日

れたという（同上：241）。これらの経緯からも，『時報』は，まさに経済界の肝いりで発刊されたと言えるが，株主の構成からもそのことがうかがい知れる。1968年12月時点の資料によると，発行済株式数1,626株（16万2,600ドル）のうち，大城，國場および宮城を代表とする関連企業が，それぞれ1割以上の株を保有していた。(11)

このような背景もあり，この新聞は，崎間の掲げた「不偏不党」という社是とは正反対に，反共，反日教組（反教職員会）や反復帰協といった極めてイデオロギー的な主張と批判を展開していく。だが，3で詳述するように，本書で注目する必要があるのは，この政治的なイデオロギーにぬり込められた基地や復帰のあり方への不安であり，それを背景に提示された「生活」を重視する認識の方である。まさに，それを提示したのが即時復帰反対論であった。『時報』において展開された即時復帰反対論の主張は，具体的な「経済スケジュール」抜きの復帰論を批判し，(12)「住民一人一人の生活を守ろう」

という認識が前提となっており[13]，このような動きは，イモ・ハダシ論が主張され，経済界が公的に基地撤去反対の決議をあげる 1968 年 8 月頃の動きを先取りするものであった。

なお，「第三の日刊紙」をめざして創刊された『時報』であったが，発行部数は伸び悩み，労働者への給料の遅配のため 1968 年 10 月に結成された労働組合と対立し，翌年 9 月に休刊して後に廃刊となった[14]。このような事情から，『時報』は，メディアとしての影響力については限定的であったものの，後に即時復帰反対論（もしくはイモ・ハダシ論）を争点として主要二紙でも論争が行われたことから，これらの議論を広げる媒介にはなっていたと考えられる。

3　即時復帰反対協議会による即時復帰反対論の展開

以上のような背景をもった『時報』において，即時復帰反対論は社説や「論壇」欄の寄稿などを含めて幅広く主張されていた。ここでは，まとまって見解を示していた即時復帰反対協議会（以下，即反協）という団体に注目し，この議論の特徴について検討する。

即反協は，基地関連業者も加入するコザ商工会議所のメンバーを中心に，同商工会議所の会頭も務めていた末吉業信を会長として 1967 年 8 月末に結成された[15]。結成のための協議の場には，コザ商工会議所のメンバー約 40 業者が集まり，「即時全面復帰」や「基地縮小」について議論を行った[16]。組織の活動方針としては，「①組織づくり②広報活動③大会の開催および民政府，琉球政府，立法院，南連への陳情[17]④首相訪米前に陳情団の東京派遣[18]」の四つを決めた。この場ではさまざまな議論がなされたようだが，復帰のあり方に関連して，「われわれは民族感情として復帰には反対ではない。しかし，70 年をメドとした革新政党の早期復帰には同調できない[19]」などの意見が出された。上記の活動方針の通り，結成の翌月の 6 日には，「即時復帰反対総決起大会」をコザにおいて開催し，商店街や通り会などの関係業者 400 人が参加した[20]。また，4 日には『時報』，6 日には『沖タ』および『琉新』に意見広告を掲載するなど，広報活動を活発に開始した。この即反協の動きに対

第2章 即時復帰反対論の展開と「島ぐるみ」の運動の困難 **53**

して，コザ市役所職員労働組合を中心メンバーとするコザ革新共闘会議は，
「祖国復帰運動にミズをさすもの」と厳しく批判していた[21]。

　それでは，この団体の主張した即時復帰反対論とはどのような内容のもの
だったのだろうか。ここでは，即時復帰論に正面から反対を表明した，この
議論の論理を明らかにすることで，基地や復帰への不安のありようを理解す
ることができる。

　即反協は，「即時復帰を我々はこう考える」と題して，主要二紙と『時報』
において見解を公表した。この意見広告と即反協会長の末吉による『時報』
「論壇」欄への投稿から，即時復帰反対論の論理を追っていこう。まず，確
認しておくべきは，ここでの復帰反対の論理は，復帰そのものを否定してい
るわけではなく（むしろ賛成の立場を表明していた），人びとの生活水準を無
視した即時復帰論が批判されている点である。そして，この論理の前提には，
「政治と経済は表裏一体のもので，経済を離れて政治はない」という認識が
あり[22]，それは同時代の「基地経済」の理解にも現れている。復帰前におい
て，保守や革新といった政治的立場に関わらず「基地経済からの脱却」が課
題であったことは既に指摘されているが（櫻澤 2016 および鳥山 2011 など），
即反協の主張においても，この課題を共有しつつ，「3 年や 5 年で現在の基
地産業に替わりうる可能性は疑わしい」[23]と非現実性が批判されている。

　それでもなお，即時復帰や基地撤去を日本本土に求めることは，救済を希
望する「他力本願」にすぎず，現実を直視しない「精神主義」ないし「感情
論」として拒否されるのである[24]。このような論理は，即反協以外の真栄田
義見[25]らの議論でも共有されており，『時報』「論壇」欄において意見が展開
されていた。そして，この「他力本願」と「精神主義」の拒否のうえで導き
だされる結論は，「自分の働きと，努力以外に救われる途はない」[26]という認
識であり，自己努力による復帰を求めることであった。

　では，この論理の背景には，どのような認識があるのだろうか。この意見
広告のまとめの箇所に，それが集約的に表現されているので引用してみよう。

　　復帰を目前にして今こそ我々は自分自身更に家族の生活がどうなるだろうか

と言うことをじっくり考えて地に足をつけて現実的に考慮すべきではなかろうか。我々が求める復帰の理想像は現在の住民人口が現在と同じか，またはそれ以上の生活水準を維持しながら誇りをもって堂々と本土の一県として復帰することであって百万県民が難民のように本土政府の救済にすがるという悲惨な形の復帰であってはならない。[(27)]

　ここで重要なのは，「現実的に復帰を考えよ」というメッセージの裏に，「難民」という貧しさと結びつけられた認識が埋め込まれている，という点[(28)]にある。そして，この即反協の主張に呼応するように，『時報』「論壇」欄においても展開された即時復帰反対論には，「精神主義」や非現実性への言及とともに，「沖縄住民をはだしの三等県民に追いやるような悲劇をひきおこしてはならない」や「芋を食っても，即時復帰だとさけぶ沖縄の同胞達の涙ぐましいまでの祖国意識に，かって大宅壮一に指摘されたような『動物的忠誠心』を思わせるようなことがなければよいが」[(29)]といった批判が突きつけられた。ここからは，即時復帰という道を選ぶことによって，貧しい沖縄へ逆戻りするのではないか，という恐怖の現れをみてとれる。
　それでは，当時，この主張はどのように受けとめられたのだろうか。即反協の主張の広がりは限定的であったとされ[(30)]，また，主要二紙においては批判的に捉える意見が多く出されていた。たとえば，『琉新』の声欄への投稿[(31)]「即時復帰は時の流れ」では，復帰による混乱を住民全体の協力によって乗り越えるべきことが主張されていた。

　　復帰に伴う経済的な混乱は，住民の一致協力で防止できる。もちろん，いつまでも甘い汁はすえない人も出てくるだろうがその反対に給料は上がる恩給はもらえるという人も出てくるはずである。基地収入に依存している人たちは減収を恐れているが，基地がすぐなくなるわけでもないし，日本の自衛隊進出も考えられる。[中略]いたずらに自己の利益のみ主張せず，全住民が一丸となり，復帰の態勢づくりに立ち上がるべきときである（男性・那覇市在住・40代・商業）[(32)]。

第2章　即時復帰反対論の展開と「島ぐるみ」の運動の困難　55

　また，復帰そのものに反対の意見を持つ者のなかからも，即反協の主張する「生活」の論理に対して，「現状維持論」という違和感を伴った批判が突きつけられた。

　　　[即時復帰反対論は]復帰に異議をもつわたしにはわかりすぎるほどの常識的な問題意識の提示であったが，[中略]意中のハッキリしない対沖縄操縦政策の好餌に手放しで甘い期待と，そのような甘い心がけに見合った沖縄の惰性的な現状維持論のありかたには，にわかについていけないものを感じた。彼らが強調しているのは，単なる花よりダンゴ式の後退不安定説＝みな殺しの恐怖よりも基地依存経済と補償金のぶんどり，というのがその支配する"生活と意見"であるようだ（男性・那覇市在住）。[33]

　このような主張に加えて，上記の投稿には，基本的人権に対する言及の不在や「基地で生きる島だ」という諦め（と同時にひらきなおり）が存在していることへの厳しい視線も伴っていた。だが，その一方で，即反協からの組織的な反論[34]だけでなく，即時復帰反対論の論理に対して共感を示す声は，『琉新』の中にも存在していた。「早く復帰後の経済政策を」という投稿は次のように主張する。

　　　現在あまりにも大きすぎる基地依存で即時復帰したばあいその影響はあまりにも大きすぎる。「基地の町」として繁栄をみせてきたコザ市やその他基地収入にたよっている市町村はいったいどうなるのか。即時復帰した場合精神的にはいろいろな面で安らぎがあるかもしれないが，しかし生活や社会に混乱がおきてはなんら復帰の価値もなくなる（男性・那覇市在住）。[35]

　このように賛否は鋭く対立していたとはいえ，即時復帰反対論は，復帰や基地のあり方と自らの「生活」の関わりについて明示的に問い，また，組織的な活動をも伴った主張であったことを，まずもって確認する必要があるだろう。

56

　以上の検討を受け，Ⅰのむすびとして，即時復帰反対論の主張を即時復帰
論の論理と対比させてまとめてみよう。復帰を権利として要求できるもので
あり，経済的な対策（ないしは補償）は日本政府の義務であるとする即時復
帰論に対して，即時復帰反対論は，そのような主張を「他力本願」かつ非
現実的であると批判し，目の前の「生活」（主に狭義の意味での経済活動）を
維持しながら復帰をめざすべきだと主張していた。このことからは，生活重
視の認識と，他力本願を拒否する自立への志向が同居していたことがうかが
える。と同時に，この即時復帰反対論にみられる認識は，「貧しい沖縄に逆
戻りするかもしれない」という恐怖感や危機感を伴うものでもあった。

Ⅱ　一体化政策の展開と即時復帰反対論の帰結

　続くⅡでは，即時復帰反対論が展開された時期から，イモ・ハダシ論に焦
点が当たった 1968 年夏頃までの時期について，一体化政策の展開と関連づ
けて検討する。上でみた即反協の組織的な動きは，復帰をめぐるスケジュー
ルの具体化のなかで自然消滅したとされるが（玉城 1983），そこでの認識は
イモ・ハダシ論や琉球商工会議所による基地撤去反対の決議，基地労働者や
地域単位で結成された「生活を守る会」などを通して受け継がれていった。
　本節では，まず，即時復帰反対論の直前に提示され，経済面での一体化策
の先駆けとなった塚原ビジョン（8 月）から 1967 年 11 月の佐藤・ジョンソ
ン会談による共同声明までを概観する。そのうえで，1967 年後半からの一
体化政策の具体化に伴って，即時復帰反対論の置かれていた社会的な位置づ
けにどのような変化が生じ，また，その帰結として即反協の組織的な活動が
いかに終結したのかをみていく。

1　塚原ビジョンと一体化政策の展開

　即時復帰反対論の展開に先立つ 1967 年 8 月 4 日，塚原俊郎総務長官はア
ンガー高等弁務官と会談し，「沖縄経済発展の方向と施策」という提言書を
提出し，米国の協力を求めた。具体的な振興策の作成については日米で調

第2章　即時復帰反対論の展開と「島ぐるみ」の運動の困難　　57

整することが決まったが，この提言は「塚原ビジョン」と呼ばれ，沖縄経済を日本本土の一環として経済開発の対象とすることを明確に示した。これは，いわゆる一体化政策の先駆けと言えるが，後にとられる同政策の基本的な考え方を示すものでもあった。

　このビジョンは，冒頭において沖縄経済と基地の関わりについて次のように述べている。「いうまでもなく，沖縄は，行政，立法及び司法の施政権は，米側にあり，また沖縄には米軍基地がおかれていることのため，貧弱な沖縄経済がこの基地経済に必然的に大きく依存せざるをえないという実態を無視するわけにはいかない」。この認識を示したうえで，現状のままでは，自立経済をめざす動きが抑制されていることを指摘していた。そして，現状の打開のために求められたのが，沖縄経済を日本経済の一環として扱うことであり，また，具体的な長期計画を立案することであった。この一体化を進めるうえでの長期計画は，「沖縄の住民所得を本土のそれと同一水準にすることを目標に，沖縄の経済上の諸要因の分析解明を通じて，個々の産業および経済一般についての具体的目標およびその施策を明らかにしたものでなければならない」としている。

　上記の認識を前提に，各産業の課題と可能性を提示しているが，このビジョンは，先行研究が既に指摘している通り，経済政策としての実効性は乏しいものであった（琉球銀行調査部［編］1984：793-797）。しかしながら，ここで注目する必要があるのは，沖縄経済の脆弱性や各産業の具体的分析の必要性を指摘しつつも，同時に，無数の可能性を語ることで，「将来，沖縄の地位を極東における軍事上のキーストーンというよりはむしろ極東における経済文化上のキーストーンにすることは決して架空の議論ではない」と主張し，経済開発の積極性と可能性を打ち出したことにある。結果的に，このビジョンは，同年11月の佐藤・ジョンソン会談で合意された「一体化政策の原型」（同上：794）をなし，また，1968年以降，数多く積み重ねられた経済調査や経済開発構想における発想を先取りするものであった（表2）。

　第5章で詳しく扱うが，1960年代後半の経済開発をめぐる「島ぐるみ」の動きとは，このビジョンによって見いだされたような沖縄経済の積極性や

表2　一体化政策と経済調査および開発構想

策定年月日	件　　名	策定主体
1967 年 8月	沖縄経済発展の方向と施策（塚原ビジョン）	総理府
1968 年 3月	琉球経済開発調査報告書	DMJM 日本経済技術コンサルタント
4月	沖縄経済開発の基本と展望	琉球大学経済研究所
5月	本土と沖縄の一体化施策案	総理府
7月16日	本土沖縄一体化調査報告書	日本政府一体化調査団
7月	沖縄経済に関する所見	沖縄問題等懇談会一体化小委員会
9月10日	本土沖縄一体化重点施策	自民党
11月5日	日本本土と沖縄との一体化に関する基本方針	閣議決定
11月15日	沖縄経済に関する視察報告	日本政府沖縄経済視察団
1969 年 3月	沖縄工業開発計画基礎調査報告	総理府（日本工業立地センター）
4月6日	本土沖縄一体化3カ年計画大綱	総理府
7月	琉球開発金融公社資産の琉球政府移管に関する勧告	鈴木金融調査団
9月	沖縄の総合開発政策	昭和同人会
9月29日	沖縄経済・福祉開発構想	民社党
9月	沖縄のさとうきび資源の総合利用に関する調査報告	科学技術庁資源調査所
10月22日	沖縄経済振興の基本構想試案	総理府特別地域連絡局
11月	本土復帰に伴う沖縄経済の問題点と緊急対策	沖縄経営者協会
11月1日	沖縄経済の自立にむかって	沖縄経済開発研究所
11月11日	沖縄県総合開発計画第 1 次報告書	社会党（沖縄平和経済開発会議）
12月	長期経済開発計画の基本構想案	琉球政府
12月	沖縄の電気事業の現状と問題点	沖縄電気事業調査団
1970 年 1月	沖縄の工業立地条件と工業適地	通産省企業立地公害部
2月	自由港の提案と背景	那覇商工会議所
3月20日	第 5 回沖縄経済振興懇談会共同声明	沖縄経済振興懇談会
4月	沖縄経済開発の基本方向	日本経済調査協議会
4月6日	沖縄工業開発調査団報告書第 1 部	沖縄工業開発調査団
4月7日	沖縄工業所有権調査報告書	通産省特許庁総務課
9月	長期経済開発計画	琉球政府

出典：『戦後沖縄経済史』第Ⅺ－11 表（琉球銀行調査部編 1984：792）の情報を基礎にして，南方同胞援護会［編］（1970）の情報と照らして加筆および修正を行った。

可能性を，沖縄にとって自主性を発揮できる余地とみなしたことで成立した
ものであった。いわば，ここでの変化は，従来の日米による援助中心の経済
政策から，日本や沖縄自身による経済開発へとシフトしたことを意味してい
た（第5章で取り上げる「『援助』から『開発』への転換」を参照）。

2　即時復帰反対論の位置づけの変化と即時復帰反対協議会の活動

　即時復帰反対論における認識は，目の前の生活を維持することを重視し，
具体的な経済構想を伴った復帰をめざすべきだ，という主張であった。塚原
ビジョン以降の一体化政策の展開は，経済政策としての実効性に照らすと疑
わしい面もあったが，即時復帰論が示すことのなかった経済発展のための構
想を提示したという点で，即時復帰反対論の展開に二つの転換をもたらすこ
とになる。

　一つ目には，一体化政策が，復帰の前提となる経済発展の道筋を不十分な
がらも描き，また，その方途についての議論を可能なものとした点が挙げら
れる。経済面での一体化は沖縄の側からも求められていたが，そのことが，
経済活動を優先した復帰の達成を意識させることにつながり，実際の政治上
での施政権返還を先取りするものとして機能したと考えられる。

　二つ目としては，一体化政策の提示によって復帰の道筋がみえてきたこと
と，経済発展という可能性が描かれたことで，即時復帰論の非現実性や「貧
しい沖縄に逆戻りするかもしれない」という危機感はいったん後景に退くこ
とになった，という点を挙げることができる。1968年の主席公選選挙を前に，
即時復帰反対論における認識の一部は，いまだ不確定的であった基地への態
度表明として純化されたかたちで引き継がれ（イモ・ハダシ論），経済界をも
巻き込んで表明されるにいたる。すなわち，そこでの認識上の争点は，「復
帰への態度」から「基地への態度」へとシフトしていったと言えるだろう。
また，選挙を前に，イモ・ハダシ論を主張した側は，いわゆる革新勢力への
対決姿勢を明確化し，保革対立が政治的局面でも深まっていった。

　以上の即時復帰反対論の位置づけの変化は，即反協の活動が1967年の後
半においてたどった帰結からも読みとることができる。この団体の結成直後

の動きは既にみたが，その後，11月29日には，商工業関係業者50名の参加で第二回の総会を開き，活動経過の報告と，これからの方針について議論をしている[41]。そこでは，「基地の町コザ市にとって復帰問題は切実なものであり，即時復帰したばあい，経済的，社会的に大きな混乱が起こる[42]」という基本的な認識を確認したうえで，佐藤・ジョンソン会談に対する評価が示されている。この総会では，日米首脳会談について「沖縄返還の期限を取り決め得なかった」として肯定的に捉え，そのことをもって「即反協の初期の目的は達成できた[43]」としている。即時復帰反対論においては，即時復帰への違和感や恐怖感が露骨なかたちで表明されていた。その即時復帰が，日米首脳会談において避けられたことで，上記の評価が出されたと考えられる。

　この総会の場では，復帰に備え沖縄経済の現状を研究し，また，外に発信していくことの必要性が強調され，組織的には即反協からコザ商工会議所の特別部会「復帰と経済研究特別委員会」に変更することが決められた。以上のことから，即反協の活動は，日米首脳会談という一つのヤマ場を越えたことで，役目を終えたと言える。その後，1968年の5月頃までは，即反協のような復帰（基地）や生活をめぐる組織だった動きはみられなかったが，その年の6月，にわかに「沖縄住民の生活を守る会」（以下，「守る会」）が即反協の会長であった末吉の主導で結成されることになる。

　この間には，沖縄民主党が沖縄自民党に改称し，いわゆる保守勢力の再結集が図られ（1967年12月），また，アンガー高等弁務官によって，1968年11月の主席公選選挙の実施が発表されていた（1968年2月）。そのため，「守る会」の結成は，主席公選選挙とその前哨戦とされた嘉手納村長選挙（1968年8月）に向けた動きとして捉えることができる。この会の動きについては，次節において具体的にみていきたい。

Ⅲ　即時復帰反対論からイモ・ハダシ論への展開

　この節では，即時復帰反対論によって提示された認識が，イモ・ハダシ論をめぐる論争へと引き継がれ，経済界を含めて基地撤去反対が表明される過

程について記述する。嘉手納村長選挙とその後の主席公選選挙では，「基地
への態度」が政治的な対立点として顕在化したが，ここでは，そこにおいて，
人びとに抱かれていた認識の特徴と，その変容に着目してみていく。

　以下の本論では，まず，即時復帰反対論において示された認識が，どのよ
うなかたちで顕在化していったのかについて，「守る会」などの結成から嘉
手納村長選挙前後のイモ・ハダシ論の展開までを通してみていく。そのうえ
で，イモ・ハダシ論そのものの特徴について検討し，それがいかに展開して
いったのかを明らかにする。このイモ・ハダシ論の主張は経済界としての公
的な基地撤去反対の表明に帰結し（8 月），主席公選選挙における対立構図が
鮮明なものとなった。本節は，主席公選選挙直後に起こった B52 爆発事故
によって，転換を迫られた人びとの認識を明らかにする箇所であり，第 3 章
と第 4 章への展開の上でも重要な節となる。

1　表面化する即時復帰反対論の論理[44]

　『時報』において展開された即時復帰反対論の論理は，「基地反対か経済
か」を迫るイモ・ハダシ論や経済界による基地撤去反対の表明などを通して，
次第に表面化していった。

　このイモ・ハダシ論の端緒は，1968 年 7 月にアンガー高等弁務官によっ
て主張されたものであった。そこでの主張の意図は，米国による沖縄援助の
獲得のため，沖縄社会が基地と援助に頼る貧しい社会であることを強調する
ことにあった（鳥山 2009：98-100）。[45]

　その後，沖縄自民党総裁の西銘順治が，嘉手納村長選挙での応援演説にお
いて，基地がなくなるようなことがあれば「戦前のようにイモを食い，ハダ
シで歩く生活に逆戻りする」という趣旨の演説を行ったことで，社会的な争
点として顕在化することになる。この嘉手納村長選挙は，既に触れたように，
1968 年 11 月に行われる予定となっていた主席公選選挙の前哨戦として位置
づけられ，基地問題を争点として，いわゆる保守勢力と革新勢力が正面から
対立するものであった。結果としては，沖縄自民党の公認であった古謝が
1,100 票以上の差で当選したが，『時報』における報道や社説での取り上げ方

は前年の即時復帰反対論とは異なっていた。たしかに，基地や経済をめぐる争点は取り上げられていたものの，この頃の『時報』における中心的な論調は，教員や教職員会の政治活動に対する批判に集中していた[46]。その背景には，11月の三大選挙を前に，革新勢力の一翼を担っていた教員らの政治活動を抑え込もうという狙いがあったと考えられる。

　しかし，このことは，即時復帰反対論において示された認識が，後景に退いたことを意味してはいなかった。むしろ，『時報』というメディアにおいては，選挙を前に，革新勢力側の屋良朝苗候補や教職員会へのイデオロギー的な批判に先鋭化する一方で[47]，基地周辺の地域住民と基地労働者に働きかけることを意図する動きも出てくる。その動きの一つが，上述した「守る会」の結成であった。以下では，この組織の結成から嘉手納村長選挙までの過程を描くことで，即時復帰反対論に示された認識の展開と変容についてみていこう。

(1) 「沖縄住民の生活を守る会」の結成の背景とその論理

　「守る会」の結成の背景は，人的な面でも主張の面でも即反協とのつながりが明確であった[48]。結成の母体となったのは，コザ商工会議所であり，即反協の会長であった末吉が結成準備委員の代表を務めていた。同会は1968年6月30日にコザ市の琉米親善センターにおいて結成総会を開催したが（図5），その場には，コザ市の商工関係者約300人が参加し，会の目的や方針について確認している。

　基本的な方針などをみる前に，即反協との主張の打ち出し方の相違を確認しておこう。『時報』の報道によると，「コザ市の基地業者は，さきに『即時復帰反対協議会』を組織して基地業者の態度を世論に訴えたがこんどは形を変えて生活を守ってこそ復帰への足がためができるとして新たに強力な組織に切り替えられるもの」[49]とされている。「基地への態度」と合わせて，「守る会」では，「生活を守る」ことが即時復帰反対論の主張よりも一歩進んで強調されていることがわかる。結成に先だって，結成準備会のメンバーは，明確に主席公選選挙における革新の路線（「即時日本復帰」と「基地撤去」）の誤

第2章　即時復帰反対論の展開と「島ぐるみ」の運動の困難　63

図5　「沖縄住民の生活を守る会」結成大会

那覇市歴史博物館所蔵・提供

りを語り、生活を重視した復帰を強調していた。このことからも、「守る会」という組織は、主席公選選挙を背景として結成されたと理解してよいだろう。

　そして、この会の結成大会では、次の五つのスローガンが提示された（図5）。それは、「①基地撤去に反対し、暮らしを守ろう②復帰は定まっている。暮らしをどうするかが政治の最大の問題だ③暮らしは基地経済で豊かに、社会保障は本土並み④即時復帰を叫んで救済県民の道を急ぐな⑤住民は経済を破壊する革新政治家にだまされるな」というものであった。上述した通り、「暮らし」や生活により焦点を当てている点以外は即反協の認識と酷似しているが、1967年末からの情勢の変化に伴って、二つの点で大きな転換がみられる。それは、基地撤去への反対を明確にし、基地経済によってこそ豊かになれるという認識を打ち出したことと（①および③）、いわゆる革新勢力への対決姿勢を明確にしたこと（⑤）、の二つである。この認識上の変化の背景には、一体化政策に伴う復帰の具体化と、今後、基地のあり方が明確化されるという危機感、それに加え主席公選選挙が目前に迫っているという政治的な状況の変化があったと考えられる。

なお，USCAR 渉外局は，「守る会」の結成大会が開催される前に，同会の内部情報を手に入れていた。この内部情報では，「守る会」について，政治的な組織に属すものではないとしながらも，11 月の選挙を前に沖縄自民党への支持を表明し，革新側の復帰や基地撤去を非難するだろう，と指摘していた。[51]

(2) 「沖縄住民の生活を守る会」の主張に呼応するイモ・ハダシ論

このような「守る会」の主張は，はからずも嘉手納村長選挙において争点化されたイモ・ハダシ論に呼応するかたちで，浸透していくことになる。

6 月末の結成後，この会は，街頭でのデモを行うとともに，7 月 14 日に「軍雇用員の皆さんに訴える[53]」と題し，[52]『琉新』の紙面上に意見広告を出して人びとの意識を喚起しようとした（上述の五つのスローガンを提示）。しかも，この意見広告の対象が「軍雇用員」であることからもわかる通り，1967 年 9 月とは異なり，主張を届けようとする対象は明確化されたものであった。

この「守る会」の主張に対しては，地元紙上において再び議論が起こったが，[54]そこで浮き彫りになったのは，イモ・ハダシ論の核心部分となる「生活」や「貧しさ」をめぐる認識であった。基地労働者として働く宜野湾市在住の投稿者は，「『軍雇用員に訴える』を読んで」と題し，投稿している。そこでは，首切りと合理化を前に人権も守られない現状に触れつつ，「守る会」の強調する「貧しさ」を批判する主張を展開している。

　　基地に代わる産業がないから基地は大へん必要だ―といっていますが，不安定な保障の下で 5 万人の労働者が，あすに希望がなく人権も認められず，首切りと合理化が激しくても幸福だといえるのですか。／［中略］もちろん人間は生きるために食べる―ということもあり，あなた方がいうとおり，基地経済でもうかり，豊かに生きていくという主張もある程度は理解できます。しかし，私は，まず日本人として，まずしくても平和で，戦争の不安もなく，人間としての価値も認められて自由に生きることをのぞみます（女性・宜野湾市在住・基地労働者[55]）。

第2章 即時復帰反対論の展開と「島ぐるみ」の運動の困難　65

　そして，上記のような声に賛同する投稿も複数寄せられていた。このような主張に対して，「守る会」の広報部は，「イモをかじっては救えない」や「復帰前にぜひ一体化を」といった反論を寄せた。前者の反論の結論部分をみてみると，「『イモをかじって精神力で生きぬく』とおっしゃるあなたの論法では，実際には，今日の沖縄住民は救えないと確信する」とし，基地労働者の投稿を「感情復帰論」だと切り捨てている。このような認識は，まさに即反協において主張されたことと重なるが，「生活」の重視と，「貧しさ」への危機感を強調する傾向はより強まっていた。

　まさに，このやりとりがなされているさなかに，高等弁務官によって主張されたのがイモ・ハダシ論であり，その後，嘉手納村長選挙においては「基地への態度」が問われたのである。最後に，このイモとハダシという「貧しさ」を喚起させる主張について検討しよう。

2　イモ・ハダシ論への展開と議論の特徴

　これまでの検討を踏まえると，イモ・ハダシ論は，即反協や「守る会」が展開してきた主張に呼応するかたちで出てきたと言える。

　イモ・ハダシ論の要約的な内容は既に前項の冒頭でも示したが，1968年8月に米人商工会議所で行われた高等弁務官の講演内容は，より端的にこの議論の特徴を示していた。そこでの主張は「今日の沖縄の経済的繁栄は不安定な基盤の上に根ざしているものであり，かりに軍事基地が大幅に縮小ないしは撤廃されるようなことにでもなれば，琉球の社会は，サツマイモと魚に依存したハダシの戦前の経済に逆戻りすることになる」というものであった。ここでの主張の特徴は次の点にある。それは，基地の存在が「経済的繁栄」を支えてきたがゆえに，その縮小や撤去は，すぐさまイモとハダシに象徴される「貧しさ」に直結する，としている点である。

　ただし，ここで問題とされているのは，実際に沖縄経済がイモとハダシの状況に戻るかどうかではない。むしろ，鳥山が既に指摘している通り，そこで求められている反応は，突きつけられた「貧しさ」を前に，基地への協力を受け入れるか，それとも拒否するか，にあると言える（鳥山2009：100）。

まさに，この局面において「守る会」は，アンガー高等弁務官によるイモ・ハダシ論を先取りするかたちで，「基地経済によってこそ豊かになれる」として積極的に反応したのである。ただ，この一見すると「積極的」ともみえる協力のあり方にも，同時に「生活」や「貧しさ」を感受する認識が伴われており，それは，B52爆発事故後の生活や生存（生命）の危機を前に変容を迫られることになる。

　以上の検討から明らかになるのは，即時復帰反対論に連なるものとしてイモ・ハダシ論の論理をたどることで，そこで示された認識は，一方で，「基地反対か経済か」という対立軸が明確にされながらも，単純な基地への賛成や容認ではなく，目の前の生活との緊張関係のもとで成り立つものであった，という点である。

　では，このような内容をもつイモ・ハダシ論は，これ以後どのように展開したのだろうか。嘉手納村長選挙での西銘の応援演説の後，イモ・ハダシ論をめぐる議論は，主要メディアである『沖タ』と『琉新』でも取り上げられ，読者からの反響も多く出された。読者の声の多くはイモ・ハダシ論に批判的であったが，一方で，自らの生活を重視し，この議論を受け入れる者も存在していた。以下の基地労働者からの「基地がなくなったら…」という投稿には，イモ・ハダシ論を受け入れざるをえない側の論理がにじみ出ている。

　　　私は米空軍基地ではたらいている一労働者です。こんどの選挙で基地撤廃が
　　　叫ばれていますが，基地がなくなったとき私どもの生活はどうなるか，しっ
　　　かりした計画があるでしょうか，心配でなりません。基地ではたらいている
　　　ことはいろいろの面で不自然なことがありますが，だからといって基地がな
　　　くなり私どもの仕事がなくなったらどうなるのでしょうか。［中略］基地即時
　　　撤廃を叫んでいる人々は，私どもの生活をちっとも考えてはいないと思いま
　　　す（男性・コザ市在住・基地労働者）。

　また，この時期のイモ・ハダシ論の展開を考えるうえで重要なのは，経済界の中心的な組織であった琉球商工会議所が公的に「基地への態度」を表明

第2章　即時復帰反対論の展開と「島ぐるみ」の運動の困難　67

したことである。琉球商工会議所は8月19日に「即時基地撤去反対」を決
議したが[60]，そこでの主張は，即時復帰反対論からイモ・ハダシ論への展開
において共有されていた認識と酷似していた。この決議における基地撤去反
対は，以下のような論理で主張されている。

　　米軍基地をぬきにして沖縄経済は成り立たないといっても言いすぎではない。
　　無計画な即時基地撤去に反対する理由もここにある。即時基地撤去が多くの
　　失業者を出し，経済不況をきたし，住民生活を混乱に導く以外なにものでも
　　ないことを考える時，われわれは即時基地撤去にあくまで反対し，新しい経
　　済態勢への移行を目ざして一体化による復帰の実現を期す[61]。

　この基地撤去を拒否する論理は，無計画性と生活への影響を前提として打
ち出されている点で，即反協や「守る会」と同様の認識を共有していたと言
える。この年の6月末に発足した「守る会」がそうであったように，この決
議においても，復帰へのスケジュールが次第に明らかになるなか，「一体化
による復帰」が意識されはじめていた。また，このような動き以外にも，
1968年9月には，立て続けに基地労働者と地域から，「守る会」やイモ・ハ
ダシ論に呼応する組織が現れ，「自由と生活を守る青年同志会」や「沖縄基
地の生活を守る会」などの組織的な動きも顕在化していった[62]。
　以上のことから言えるのは，批判的な意見や反発の感情を伴いながらも，
即時復帰反対論によって提示された認識は，さまざまなかたちで打ち出され，
同時に，基地と自らの経済活動をめぐってどのような態度をとるのか，とい
う社会的な亀裂（対立）を顕在化させた，ということである。このような考察
の延長線上で主席公選選挙を捉えるならば，そこでの対立点は，基地や安保
への態度だけでなく，イモ・ハダシ論に集約的に示された「基地反対か経済
か」や「貧しさ」に対する態度としても焦点化されていたと言える。まさに，
このような対立の深まりのなか，B52撤去運動が二度にわたって「島ぐるみ」
で展開されていくのである。次章では，嘉手納という地域でのイモ・ハダシ
論の展開とも関連づけ，これらの運動について詳細に明らかにしていきたい。

まとめと小括

　本章では，1967 年 9 月以降に展開された即時復帰反対論から，翌年のイモ・ハダシ論へといたる論争の過程を跡づけることで，復帰や基地をめぐる認識・態度と，生活（経済活動）の関わりを明らかにしてきた。

　本章の「まとめと小括」では，三つの節での検討を受けて，基地と生活をめぐる認識のありようについて，二つの点から考察する。

　第一の論点は，即時復帰反対論からイモ・ハダシ論へといたるなかで，基地と生活をめぐる認識がどのように展開していったのか，という点である。これを検討するには，各論議において，どのような点が重視されたのかを改めて確認しておく必要がある。当初，即時復帰反対論が批判の対象としたのは，先行きの不透明な復帰という方向性そのものであった。この主張では，目の前の生活が重視され「現実性」や「具体性」の伴った復帰がめざされていたが，復帰という大枠での方向性は共有されていた。

　しかし，1967 年の 11 月以降，即時復帰が回避され，経済的な一体化が政策としても具体化していくなか，そこでの議論は，「復帰への態度」から「基地への態度」へと争点が明確化されていった。たしかに，即時復帰反対論もイモ・ハダシ論も，ともに「基地がなくなると経済的に困窮する」という考えをとっていたが，イモ・ハダシ論では，「基地への態度」を問い，基地撤去が「貧しさ」に直結するという論理を，より明確なかたちで打ち出していた。このような変化は，上述の理由のほかに，主席公選選挙の日程が具体的に浮上したこともあり，日本本土との政治面での一体化に伴う保革対立とあいまって顕在化したものであった。

　1967 年 9 月の時点で，即時復帰反対論の主張は『時報』において限定的に取り上げられていたのに対して，翌年の「守る会」からイモ・ハダシ論への展開では，経済界による基地撤去反対の決議や嘉手納村長選挙などを契機として，『沖夕』や『琉新』といった主要メディアにおいても論議を巻き起こした。この「守る会」からイモ・ハダシ論へといたる議論の変遷のなかで重

要な点は，保革対立の深まりとも密接に関わるかたちで，「基地反対か経済か」という生活をめぐる二者択一を迫る論理（一種のイデオロギー）として展開されていった，という側面である。復帰前の基地と生活をめぐる認識は，このような社会的な亀裂（対立）の深まりのなかで展開されたと言える。

　二つ目の論点は，上述のような対立の深まりの一方で，即時復帰反対論からイモ・ハダシ論にかけて共有されていた「貧しさ」や生活を強調する特徴について，どのように捉えるのかという点に関わっている。本章では，復帰を目前とした「貧しさ」をめぐる危機感・不安感や，復帰や基地をめぐる問題を自らの生活にとって切実なものと捉える認識のありようを明らかにした。第一の論点でも触れたが，たしかに，主席公選選挙を目前にひかえ，イモ・ハダシ論においては，基地への協力的な態度を求めるイデオロギーとしての側面も浮かび上がってきていた。

　しかしながら，嘉手納村長選挙で当選した沖縄自民党の古謝は，一方で，基地の存在を経済活動との関わりで否定できないとしながらも，B52爆発事故後には撤去運動の先頭に立ち，「生活と生命を守る」ことを根拠に，「基地撤去」にまで言及することとなる。何度か触れてきた本書冒頭の古謝の言葉は，まさにこのような危機感・不安感から発したものであった。また，第5章でも扱うように，尖閣開発をめぐる県益擁護運動の過程でも「貧しさ」への危機感は強調されていくことになる。

　以上のような局面を捉えようとするとき，単純に「保守＝生活重視」や「革新＝基地反対重視」という構図をなぞり，イモ・ハダシ論にいたる議論を基地容認のイデオロギーとして性格づけるだけで，はたして十分であろうか。むしろ，本章で検討してきたように，そこでの人びとの認識や態度は，一方で，「基地への態度」という対立軸が明確にされながらも，同時に，単純な基地に対する賛成や容認ではなく，「貧しさ」への危機感・不安感を伴いつつも「大切にすべき生活とはなにか」という問いをめぐり，常に緊張関係をはらむものであったと言える。

　そうであるがゆえに，焦点となった生活そのものが，米軍機事故や基地工事に伴う公害などによっておびやかされるなかで，上述の認識自体が鋭く問

われることになる。次章で扱う，度重なる基地被害やB52爆発事故は，広範な人びとの生活ないしは生存（生命）そのものの危機感を喚起し，「基地反対か経済か」という対立の深まりのなかでも，「島ぐるみ」をめざすB52撤去運動へとつながっていった。

　以上，ここで考察した二つの点を踏まえて，第3章および第4章では，B52撤去運動の嘉手納での広がりと，その後の「島ぐるみ」をめざす動きについて検討していく。

　[註]
(1)　東京大学の調査結果については，『沖タ』1967年4月19日を，琉球新報社の調査については，『琉新』1967年7月23日を参照のこと。両調査では，「即時全面復帰」への態度に大きな違いはなかったが，「段階的復帰」において差が出ている（東京大学調査では47.1%，琉球新報社調査では32.9%）。このような差が出た要因として，琉球新報社の分析では，東京大学の対象とした調査地の偏りが指摘されている。
(2)　『琉新』1967年8月1日。この基地撤去論に対しては，地元経済界から動揺の声が挙がり，また，現実性を否定する考えが中心的であったものの，経済活動をめぐって「基地がどう扱われるのか」が見過せない課題であったことがわかる（『時報』1967年8月2日および『琉新』1967年8月11日）。
(3)　『沖タ』社説1965年4月22日。
(4)　序章の註（17）を参照。
(5)　『時報』1967年8月1日。
(6)　真栄田義見「自由論壇　被害者的心情捨てよ」（『時報』1967年8月14日），新城哲男「自由論壇　真面目な態度で復帰運動を」（『時報』1967年8月25日）。
(7)　『時報』1967年8月1日。
(8)　渉外局の所掌していた任務は「効率的で責任ある地元政府を育てるための事業や企画を行なうこと」であった。また，沖縄県公文書館の渉外局文書群には，「日米両政府のUSCAR訪問者への対応，日本政府沖縄事務所の活動，日本政府援助（日政援助）に関する文書など」が含まれている（沖縄県公文書館ホームページの資料群解説よりhttp://www.archives.pref.okinawa.jp/）。
(9)　USCAR広報局文書News Media and Release Files. Ryukyuan Press.1968，沖縄県公文書館所蔵（0000044858）。この資料には，1967年2月23日付で，渉外局から高等弁務官に宛てた文書が含まれている。広報局および渉外局による日刊紙の発刊への評価は厳しいもので，その効果を疑問視していた。

第2章　即時復帰反対論の展開と「島ぐるみ」の運動の困難　71

(10)　同上。

(11)　USCAR 広報局文書 Information Service Reference Paper Files. Okinawa Jiho.1969，沖縄県公文書館所蔵（0000044861）。詳細な株式数としては，大城を代表とする関連企業が 196 株（大城組，琉映貿，大豊不動産，那覇港運 KK，国際物産 KK，大越百貨店，ゴールデン KK，空港ターミナル KK，沖縄 BS タイヤー KK），國場を代表とする関連企業が 180 株（國場組，沖縄配電 KK），宮城を代表とする企業が 170 株（琉球煙草 KK，琉球殖産 KK，大東糖業 KK，琉球セメント KK，沖縄製缶 KK）となっている（「KK」は株式会社の略。資料において出てきた場合はこの略記をそのまま使用する）。そして，英字新聞であるモーニングスターが 200 株を保有していた。

(12)　真栄田「自由論壇　経済スケジュールと復帰」（『時報』1967 年 8 月 29 日）。

(13)　末吉業信「自由論壇　即時復帰に反対する」（『時報』1967 年 9 月 15 日）。

(14)　廃刊の背景については保坂広志（1983）も参考にした。労働組合との対立とそれ以降の詳細な経過については本書の主題から外れるため，ここでは触れない。この点については，本章の註（11）で触れた USCAR 広報局文書といった基礎資料や，山城（1994），川満信一（1983）および山根安昇（1971）などを参照のこと。

(15)　1967 年 7 月の『会員名簿』（コザ商工会議所）によると，この時期に加盟していた店舗は 247 軒となっている（目録タイトル「即時復帰反対協議会資料」・沖縄国際大学南島文化研究所所蔵・大山朝常文書・箱 23-2-29）。会員には中小の商店・飲食店から地域の金融機関まで入っており幅広いものであったが，基地関連業者については，「バー・クラブ・キャバレー」に限ってみても 28 軒と，会員全体の 1 割以上を占めていた。第 1 章で述べたように，当時のコザにおける「バーキャバレーサロン」の数は 532 軒であったことからすると，商工会議所に加盟する店舗の数が多かったとは言えない。だが，コザ商工会議所内における基地関連業者の比率の高さを考慮に入れると，一定の発言権を持っていたと考えられる。

(16)　詳細については，『沖タ』1967 年 8 月 30 日および『琉新』1967 年 8 月 30 日夕刊を参照のこと。

(17)　「那覇日本政府南方連絡事務所」の略称。米国占領下の沖縄における日本政府の代表機関で，復帰を前にした 1968 年 5 月には，「日本政府沖縄事務所」に格上げされ，一体化政策を推進する役割を果たした。

(18)　『沖タ』1967 年 8 月 30 日。

(19)　同上。

(20)　玉城真幸（1983）などを参照のこと。

(21)　『琉新』1967 年 9 月 3 日。

⑵ 『時報』1967 年 9 月 4 日。

⑵ 同上。

⑵ 同上。

⑵ 真栄田（1920 ～ 92 年）は，沖縄の教育者・歴史研究者で，教職を経て，1953
年琉球政府文教局長，61 年に沖縄大学学長に就任し，64 年以降，文化財保護委
員会委員長を歴任した（琉球新報社［編］2003：383-384）。戸邉（2008b）の研
究では，真栄田が戦時中に国体論まがいの戦意高揚の論説を書きながら（それ
により沖縄県の学務課に抜擢），一方で，沖縄戦を疎開地視察のため体験してい
なかったこと，そして，戦後初期には米軍にすり寄り文教局長として教員を抑
圧する側にまわった，という点を指摘している。また，鹿野政直は，「統治者の
福音：『今日の琉球』とその周辺」という文章において，USCAR によって発行
された月刊の広報誌である『今日の琉球』（1957 ～ 70 年）の「有力なイデオロ
ーグの一人」として，真栄田が執筆していたことを指摘している（鹿野 1987：
193-194）。この真栄田の戦前・戦中・戦後初期の経験が，『時報』における主張
に直結したと速断することはできないものの，このような論者が『時報』「論壇」
欄にたびたび登場していたことは指摘しておく。今後，戦前から戦後にかけて
影響力をもった教員・知識人の来歴や，現実の捉え方に関する詳細な研究が待
たれる。

⑵ 『時報』1967 年 9 月 15 日。

⑵ 『時報』1967 年 9 月 4 日。

⑵ このような「貧しさ」の強調の背景には，第 1 章のⅢで指摘した基地依存へ
の不安に加え，日本本土との社会的ないし経済的な格差の存在があった。経済
的な側面に限定してみても，1969 年会計年度（1968 年 7 月～ 69 年 6 月）の一
人当たりの県民所得は，全国平均の 56.5％という水準で，鹿児島県に次いで下
位から二番目であった（琉球政府企画局企画部［編］1971：35）。

⑵ 佐久本政喜「自由論壇　即時復帰論に思う」（『時報』1967 年 10 月 25 日）。こ
のように，復帰への志向性を「動物的忠誠心」として批判する論理は，即反協
の末吉会長の投稿においてもみられ，「百万住民の意見が一致する」という即時
復帰論の主張はファシズム的だと批判している（『時報』1967 年 9 月 15 日）。反
復帰論からの復帰批判だけでなく，復帰に同調しているとされたいわゆる保守
勢力の側からも，このような論理が提示されていた点は重要であろう。

⑵ 当時，沖縄タイムス社の嘉手納支局に勤務していた玉城真幸へのインタビュ
ー（2015 年 4 月 2 日，8 月 25 日）および中部地区の青年団活動に携わり復帰前
にコザ市議会議員を務めていた中根章へのインタビュー（2015 年 9 月 2 日）よ
り。

⑵ 以下，新聞の読者投稿を取り上げる場合，投稿者の属性について明記のある

第2章　即時復帰反対論の展開と「島ぐるみ」の運動の困難　　73

ものは，①性別，②居住地，③年齢（10歳ごとの世代として），④職業を記す。
投稿者の属性が重要な場合には，本文においてその旨を指摘する。

⑶　『琉新』1967年9月5日。

⑶　「あまりにも象徴的な…」（『沖タ』1967年9月12日）。

⑶　主要二紙に寄せられた投稿への応答として，即反協の事務局は「即時復帰反
　　対の考え方」という投稿で反論を試みている（『沖タ』1967年9月7日）。

⑶　『琉新』1967年9月9日。

⑶　喜屋武真栄「自由論壇　即時復帰ということ」（『時報』1967年9月13日）。

⑶　Ⅲでも触れる通り，即反協の主張は，1968年の6月以降も「沖縄住民の生活
　　を守る会」「自由と生活を守る青年同志会」や「沖縄基地の生活を守る会」とい
　　った会に引き継がれるかたちで，断続的に展開されていった。

⑶　『琉新』1967年8月5日。

⑶　本論で取り上げた塚原ビジョンは，『琉新』1967年8月5日から引用した。

⑷　ただし，この会談では，復帰の時期や基地の態様についての合意はなされな
　　かった。

⑷　『時報』1967年11月30日および『沖タ』1967年12月1日。

⑷　『沖タ』1967年12月1日。

⑷　『時報』1967年11月30日。

⑷　嘉手納村長選挙の経過や争点については，B52爆発事故前後の嘉手納を対象
　　とした第3章のⅡで詳述する。

⑷　当初，高等弁務官は，このイモ・ハダシ論について，7月の米下院歳出委員会
　　で主張し，翌月には沖縄の米人商工会議所向けの講演でも言及している。

⑷　たとえば，選挙結果を伝える報道においても「教員の政治活動に鉄槌」（『時
　　報』1968年8月27日）など，教員の選挙活動に対する批判が前面に出ていた。
　　また，『時報』においては，教職員会とは異なる組織の結成（「沖縄教育の中立
　　を守る父兄の会」など）をあと押しするような報道も多くみられた（『時報』
　　1968年6月29日）。

⑷　教職員会に対する誹謗中傷は，選挙告示前から，日本本土の自民党の機関紙
　　などさまざまな媒体を通して行われていた。福木詮（1973）は，『時報』につい
　　て「教職員会攻撃の中心バッター」と捉え，当時の選挙戦について描いている
　　（福木1973：28-30）。

⑷　『時報』1968年6月29日および『沖タ』1968年7月1日。

⑷　『時報』1968年6月29日。

⑸　『沖タ』1968年7月1日。なお，図5の結成大会の写真では，⑤の項目につい
　　て「革新政治屋」という表現を用いているが，ここでは，新聞報道の記述をそ
　　のまま取り上げている。

⑸ USCAR 渉外局文書 Association to Protect Okinawan Livelihood (APOL)，沖縄県公文書館所蔵（U81101083B）。

⑸ 東陽一（1969）『沖縄列島』［DVD］，東プロダクション。1968 年の沖縄を撮ったこのドキュメンタリーにおいて，「守る会」の行ったデモや集会の様子が収められている。

⑸ 『琉新』1968 年 7 月 14 日。

⑸ 意見広告の翌日に掲載された「奇妙な末吉さんの復帰論」（『琉新』1968 年 7 月 15 日）をかわきりに多数の声が寄せられた。

⑸ 『琉新』1968 年 7 月 24 日。

⑸ 『琉新』1968 年 7 月 19 日。

⑸ 『琉新』1968 年 8 月 16 日夕刊。

⑸ 「イモ，ハダシ論争で一言」（男性・那覇市在住・60 代・無職，『琉新』1968 年 9 月 19 日），「復帰より生活が大切」（女性・那覇市在住・主婦，『琉新』1968 年 10 月 14 日）などを参照のこと。

⑸ 『沖タ』1968 年 9 月 20 日。

⑹ このことは，各紙にて 1968 年 8 月 20 日に一斉に報道された。『琉新』は社説でこの決議を取り上げ，基地による経済的な恩恵を強調し，復帰という目標と矛盾することへの危惧を表していた（「商議所の基地撤去反対」『琉新』社説 1968 年 8 月 21 日）。また，琉球商工会議所に呼応するかたちで，那覇商工会議所も 8 月 26 日に同様の決議を行った（『琉新』1968 年 8 月 27 日）。

⑹ 『琉新』1968 年 8 月 20 日。

⑹ 管見の限りだが，この二つの団体の資料は非常に乏しい。この時期の諸団体の動きについては，今後，継続的な調査研究が必要であろう。当時の報道としては，「基地の生活守る会結成　政治活動の中立性強調」（『時報』1968 年 9 月 9 日）および，「豊かな生活目指す　自由と生活を守る青年同志会　きょう浦添で発足」（『時報』1968 年 9 月 2 日）を参照のこと。また，復帰を目前とした 1969 年 10 月には，経済不安を強調し，復帰の延期を訴える「沖縄人の沖縄をつくる会」（当間 重 剛会長）や「琉球議会」（真栄田義見会長）なども結成された（琉球銀行調査部［編］1984：819-820 および福木 1973：92-100）。主題との関係で詳述できないが，この政界や経済界を中心とした動きの背景には，即反協からイモ・ハダシ論にいたる動きがあったことだけ指摘しておく。

第3章 B52撤去運動と生活/生存(生命)をめぐる「島ぐるみ」の運動

はじめに

　第2章でみたように，1960年代後半の保革対立の顕在化という過程は，基地をめぐる賛否が問われるなか，身近な経済活動をどのように捉えるのか，という側面での対立の深まりとも連動していた。しかし，そのことは，単純に保守化と捉えることはできず，即時復帰反対論とイモ・ハダシ論の依拠していた生活を重視する側面を含めて考えていく必要がある。

　本章では，上述のように対立局面が深まり，イモ・ハダシ論が展開されていた時期における「島ぐるみ」の運動の過程と，その位置づけについて検討していく。より具体的には，B52爆発事故後に顕在化した生活や生存（生命）をめぐる「島ぐるみ」への志向について，爆発事故の現場となった嘉手納の人びとの認識のあり方に着目し，描写していくことになる。

　本論に入る前に，ここでは，第2章までの議論も踏まえ，嘉手納を対象として取り上げることの三つの意義について指摘しておきたい。それは，第一に，B52爆発事故の現場であり，撤去運動が「島ぐるみ」の志向性を伴って最初に展開されたこと，第二に，前章での議論との関連で，爆発事故前に行われた村長選挙（8月）において，イモ・ハダシ論が展開され，保守派とされた古謝が当選していたこと，最後に，第二の理由とも関わって，基地関連産業が嘉手納での経済活動の大半を占め，基地社会であったこと（第1章のⅢを参照），の三つに求められる。

　イモ・ハダシ論の展開と古謝の当選の背景には，基地撤去に伴う生活への不安があり，その意味で，基地関連産業の比重の大きさは嘉手納に住む人びとの認識を規定していた。しかし，同時に，嘉手納は，B52爆発事故にとどまらず，長年にわたってさまざまな基地からの暴力（基地被害）を受け続け

た地域でもあった。それゆえ，嘉手納における「生活」とは，イモ・ハダシ論で重視された狭い意味での生活（経済活動）だけでなく，相次いで生じていた基地被害や B52 の常駐化のなかで暮らしていく，という広い意味での生活でもあった。

I　日常化する基地被害と B52 戦略爆撃機の常駐化

　B52 爆発事故後の嘉手納における撤去運動の高まりは，1960 年代を通して日常化していった基地被害と，1968 年 2 月以降の B52 の常駐化を背景としていた。第 1 章でみたように，中部地域では基地との関わりのなかで戦後の地域が形成されてきたが，なかでも，嘉手納村は，嘉手納基地によって行政機能を分断されたことで北谷村から分村し（1948 年），また，滑走路に隣接することで生じるさまざまな基地被害にさらされてきた。本節では，B52 の常駐化にいたる過程に注目し，嘉手納の人びとの基地への不安と抗議の声を捉えることで，基地と生活をめぐる認識について明らかにする。

　嘉手納における基地への危機感や不安は，米軍機事故や米兵による暴力に対するものだけではない。それは，米軍の演習による騒音（以下，爆音）[1]，基地建設工事による砂じんの発生や井戸への燃料流出など，日々の生活において日常化された危機感でもあった（表 3）。1 では，米軍機事故がどのような恐怖をもたらしたのか，また，日常的な生活のなかでの基地被害（基地建設工事による砂じん被害）に対して行われた「生活を守る」運動と，そこでの人びとの「想い」についてみていく。続く，2 では，B52 の飛来とその後の常駐化の過程でどのような恐怖が抱かれ，いかに「島ぐるみ」での撤去運動が模索されたのかを考察していく。

1　度重なる基地被害への不安と抗議の声

(1)　米軍機事故がもたらした被害と恐怖

　戦後，沖縄において数多くの米軍機事故が起こったが（表 3），これらの事故は，住民の生命を直接的におびやかし続けてきた。B52 爆発事故後の撤去

第3章　B52撤去運動と生活／生存(生命)をめぐる「島ぐるみ」の運動　77

表3　1950年代末から60年代末までの中部地域等における主な基地被害の状況

年月日	被害の内容	被害の場所	基地被害の概要
1959年6月	宮森小学校ジェット機墜落事故	石川市	宮森小学校に米軍のジェット機が墜落し，死者18名（内児童11名，後遺症による死亡1名含む），負傷者210名（内児童156名），30軒以上の建物が全半焼。
1960年3月および12月	米軍機による爆弾投下での被害	伊江島	演習中の米軍機からの爆撃で，村民5名が負傷（3月4，10日）し，民家が破壊された（12月2日）。
1961年2月	米軍機による爆弾投下での被害	伊江島	演習中の米軍機からの爆撃で20歳男性が死亡。
1961年12月	川崎ジェット機墜落事故	具志川市	民家に嘉手納基地所属のジェット機が墜落し，2名死亡，重軽傷4名，住宅4軒が全焼。
1962年2月	米軍演習による流弾事故	恩納村	家屋破壊4件。
1962年12月	KB50型給油機墜落事故	嘉手納村	（事故概要は本論を参照）
1964年9月	演習場で不発弾爆発	金武村	死者6名，重傷者2名。
ベトナム戦争の開始（1965年～）			
1965年6月	米軍トレーラー落下事故（隆子ちゃん事件）	読谷村	降下訓練中の米軍機からトレーラーが落下し，喜名小学校の女子生徒が圧殺される。
1965年7月	爆音対策期成会の結成	嘉手納村	嘉手納において，組織的な爆音防止や補償を求める活動が開始された。
1965年9月	KC135空中給油機排ガスによる傷害事件	嘉手納村	66歳女性が米軍機の排ガスによって皮膚炎症を起した事件。米軍機によるものと認められず補償は却下された。
1966年5月	KC135空中給油機墜落事故	嘉手納村	（事故概要は本論を参照）
1966年5～6月	嘉手納基地拡張工事による砂じん被害	嘉手納村	（事故概要は本論を参照）

1967 年 5 月	基地廃油による井戸水汚染	嘉手納村	屋良地区における給油パイプの破損に伴う井戸水の汚染（燃える井戸事件）。
1967 年 7 月	米軍ジェット機墜落	石川市	茶畑および山林を焼く被害。
1968 年 1 月	宜野湾伊佐の油流出	宜野湾市	燃料パイプの破裂による簡易水道の水源と田畑が汚染された。
1968 年 6 月	「大福湯」の井戸水汚染	嘉手納村	嘉手納の銭湯「大福湯」にて水源である井戸水が汚染された。
1968 年 11 月	B52 戦略爆撃機墜落	嘉手納村	（事故概要は本論を参照）
1968 年 12 月	B52 戦略爆撃機墜落	嘉手納村	（事故概要は本論を参照）

出典：沖縄県渉外部基地渉外課［編］(1975)，沖縄県祖国復帰協議会 (1972)，沖縄大百科事典刊行事務局［編］(1983)，嘉手納村役所 (1969) および日本弁護士連合会 (1970) を参考に作成。

運動の島ぐるみ化の背景には，米軍機事故がもたらし続けてきた被害と，事故への恐怖が存在している。本章で扱う 1960 年代の嘉手納に限ってみても，1962 年と 66 年に，住民の死者を出す米軍機事故が起こっていた。これらの事故は，人びとの恐怖を喚起させただけでなく，わずかな補償しか行わなかった米軍の対応に対する批判も顕在化させた。以下では，この二つの事故の経過を追いながら，当時，どのような恐怖や危機感が抱かれていたのかをみてみよう。

1962 年 12 月 20 日午後 1 時，KB50 型給油機が，嘉手納基地を発進しようとして墜落し，10 名の死傷者と住宅などを焼く被害を出した。嘉手納村当局は，当時の事故の状況について『基地被害と経過』(1968 年) において次のように報告している。

　　嘉手納米空基地を発進しようとした KB50 型米軍輸送機が離陸をあやまり滑走路より機首を 90 度北に向け比謝川配電の電柱をおって民家の屋根にひつかけ，土手にぶつかりそこで機体が一部分解し，その胴体が土手の民家をおしつぶし后方の甘蔗畑で分解し約 1 万平方米が火の海となり破片が一帯に飛散し，すさまじい状態であった。尚飛行機の胴体が分解したところの民家は近

第3章　B52撤去運動と生活／生存(生命)をめぐる「島ぐるみ」の運動　79

日中に500米位離れた処に移転すべく住宅を建設中で，事故が起った時は中食時間で被害現場には大工，手伝人，親戚等多数が中食を済ませ昼休み中に突然飛行機が墜落し火の海と化し2人が焼死8人が重軽傷並に住宅家財家畜等を焼失した。[2]

　ここでは事故当時の状況が「火の海」として表現されているが，現場にかけつけた村当局者たちにとって，それは沖縄戦を思い起させるものであった。上記の報告書には「機体の破片がひ散8人が重軽傷を負い2人の死体が黒こげて現場より運び出され，銃を持った米兵がけいかいする中を軍民消防車が消火活動をする様は第二次世界大戦を思わせるような風景」として描かれている。その後，村当局は，住む家を失った家族への補償のため，仮設住宅の建設を米軍に要望したが受け入れられず，村において「仮小屋」を建設した。また，事故発生について米軍に抗議した際には，「嘉手納基地が出来たのと住民が戦后嘉手納に住みついたのとどちらが早いのか。又沖縄住民は基地があるところに集って来るではないか」という発言を行うなど，被害に対する無理解を示したため，嘉手納村の12月定例議会にて抗議決議が出された。[3]
　このような米軍機事故への恐怖は，村主催で追悼式が行われたことから，家族・親族や村当局だけでなく，多くの村民によっても共有されることになる（1966年の事故でも同様の追悼式が行われた）。
　この事故被害に対して，被害者24名は，請求額8万6,902ドル55セントの賠償を米軍に求めたが，その4割に満たない3万4,510ドル77セントの補償額を提示されただけであった。提示された補償額の査定内容が明確でなかった者もいたことから，米軍に対して再検討を要請したが補償額を変更することはできないという対応であったため，事故から10カ月近く経過した1963年10月18日にこれを受領した。[4]
　この事故から4年も経たない1966年5月19日正午，KC135空中給油機が，嘉手納基地を離陸しようとしたところ，滑走路で失速し基地のフェンスを破って隣接する道路を飛び越え墜落した（300m近く先の丘に激突し全機体が分解）。その際，米軍機は，乗用車に乗っていたセールスマンの勢水一雄に衝

突し圧死させ，搭乗員の多くも死亡した。この突然の訃報に接した家族は，キャンプ桑江にある陸軍病院にかけつけたが，そこでは，無残な姿を家族に見せまいと近所の住民で本人確認がなされ，そのまま嘉手納の火葬場に運ばれた。[5]

この事故の前年には，嘉手納に隣接する読谷村においてトレーラー落下による圧殺事件も起こっており，[6] 事故直後から強い憤りと不安の声が出されていた。たとえば，事故現場にかけつけた人からは「飛行機が飛ぶたびに避難しなければならないのか。ここは私たちの村なのに…」という不安の声があり，また奥間敏雄嘉手納村長は「基地の島とはいえ，嘉手納村だけがどうしてこう不安な生活をおくらなければいけないのだろうか。毎日の生活は騒音に悩まされ，さらにこんどのような事故があいついで起きたのでは安心して生活もできない」とし，米軍への抗議と補償の徹底を口にしていた。[7]

ベトナム戦争への米軍の介入による出撃や訓練の増加を背景として，この米軍機事故への不安と抗議の意志は，公的なかたちでも示されることになる。事故翌日の20日には，立法院の本会議において事故への抗議決議が全会一致であげられ，また，21日には，臨時で開かれた嘉手納村議会においても抗議決議とともに村民大会の開催が決められた。いずれの決議においても米軍機事故への不安が表明されていたが，立法院の決議では，事故への不安が限定された地域だけのものではないことが強調されていた。決議の最後の箇所では，以下のように，基地への不安と恐怖が示されている。

　　この種の事故は，沖縄に米軍基地が存在するために起こるもので，県民は学校にあっても家にいても，道を歩いていても危険であり，ベトナム戦争に対する米軍の積極的行動と相まって，今や住民は不安の生活に追い込まれ，大きな衝撃を受けている。本院は，このような事故に対し，アメリカ合衆国軍当局に厳重に抗議するとともに，米軍当局が戦争に関連し，じゃっ起されるいっさいの危険と不安を沖縄から除去するよう強く要請する。[8]

この立法院決議の「危険と不安」の除去からさらに一歩踏み込むかたちで，

第3章　B52撤去運動と生活／生存(生命)をめぐる「島ぐるみ」の運動　81

嘉手納村議会（臨時会）の決議では，米軍機事故を「村民殺戮事件」と表現し，強い怒りを表すと同時に，基地そのものの除去にまで言及していた。以下に，高等弁務官と第313空軍司令官にあてられた「米軍機墜落事故に対する抗議決議」の一部を引用する。

　　去る1962年12月20日に発生したKB50型燃料輸送機墜落事故の場合にも，このような事故が再度発生しないよう関係当局に対し厳重に抗議したにも拘らず，村民にとってあのいまわしい事件の悪夢も覚めぬ中に，斯様な事故を再度惹起させたことについて憤激に耐えず，関係当局に対し最大の怒りをこめて強く抗議するものである。／米軍が沖縄の軍用基地をベトナム戦争の出撃基地として使用し，戦争が益々拡大されるにつれて，日夜激しい爆音に悩まされ戦争の不安に怯やかされている村民にとって，再度の墜落事故は極度の脅威を与えている。／このような事件は，沖縄に米軍基地がある為に起ったものである。特に米軍基地と隣接している嘉手納村民は，戦争の脅威の中で生活を強いられている。この不安を抜本的に解消する道はただ一つ，沖縄から一切の米軍軍事基地を除去することである。／当村議会は，再度発生した村民殺戮事件に対し厳重に抗議する。右決議する。1966年5月21日　嘉手納村議会[9]

　この決議においては，嘉手納での生活が「戦争の脅威」のただなかにあるものであり，そこでの不安や恐怖を取り除くには基地自体の撤去以外にないことが示されていた。ここまでの経過をたどることで，嘉手納の人びとの生活は，「戦争」と密接に関わった米軍機事故によって，日常的な不安と危機感のなかにあったことがわかる。

　その後，22日には，遺族と村の共催で追悼式が行われ，また，27日には，嘉手納中学校において「KC135米軍ジェット空中給油機墜落事故抗議村民大会」が開催され，嘉手納村民，村内の教職員，政党，労組，琉大学生会など500名あまりが参加した。この大会の場において，奥間村長は「嘉手納村は，昼夜爆音に悩まされ相次ぐ米軍機事故があり，毎日が不安な生活である。一日も早く安心した生活ができるよう大会をもって抗議し，県民とともに戦

いたい」と述べていた。[10]

　ここでの抗議運動は，立法院決議が出されたものの，「島ぐるみ」という
かたちはとらなかった。だが，事故が起こった嘉手納では「村ぐるみ」とで
も呼びうるような動きが起こっていた。それは，村民大会の開催だけでなく，
賠償請求において「賠償獲得委員会」[11]（村議会議員2名，村当局3名，遺族2
名で構成）を設置するなど，村をあげた被害者の支援が行われたことからも
うかがい知れる（日本弁護士連合会 1970：39）。この委員会での検討を受け，
琉球政府を通して賠償を求めたが，1962年の事故時と同様，請求額の5万
8,042ドル77セントに対して，1万4,125ドル33セントという2割程度の支
払いの回答であった。[12]

　ここでは嘉手納での米軍機事故に限ってみたが，度重なる事故とベトナム
戦争による基地被害の激化は，基地に対する不安と恐怖を喚起させ，「村ぐ
るみ」での抗議や，補償を求める運動へとつながっていった。このような動
きが，次に取り上げる基地工事に対するハンガーストライキにつながってい
ったと考えられる。また，事故に対する米軍の態度や補償額の少なさは，住
民の受けた痛みをかえりみない誠意のない態度と捉えられ，基地そのものへ
の怒りと不信感につながっていった。

(2)　日常化された基地被害と「生活を守る」運動

　基地による被害は，上述した米軍機事故だけにとどまらない。それは，生
命への危機だけでなく，日常的な生活をもおびやかすものであった。嘉手納
の人びとは，滑走路に隣接することから生じる爆音，基地工事による砂じん
被害，ガソリンの井戸への流入などに悩まされ続けてきた（表3）。爆音被害
に対しては，既に1965年7月には「爆音防止対策期成会」[13]が結成され，被
害への補償を求める動きも開始されていた。

　本章で着目したいのは，1966年5月下旬から6月にかけて，「生活を守る」
ことを掲げ，村当局も含めてハンガーストライキをうつまでにいたった砂じ
ん被害に対する抗議運動である。この砂じん被害は，既に述べたKC135空
中給油機の墜落事故直後に問題化したこともあり，「村ぐるみ」での運動へ

第3章　B52撤去運動と生活／生存(生命)をめぐる「島ぐるみ」の運動　83

とつながっていった。

　砂じんによる生活への被害は，5月29日より，嘉手納基地の拡張工事のため民家から約500m離れた基地内に米軍がアスファルト工場を置き，操業をはじめたことから生じた。この工場から出た砂じんが，風にのって嘉手納の集落全域に飛散したことで，食事・洗濯といった日常生活や経済活動にも被害を与えた。当時行われた被害調査では，村内にある嘉手納中学校や宮前小学校（現在の嘉手納小学校）において，砂じんのため自宅で朝食をとれない生徒が学級平均17～18人にもおよんでいたとされている。また，嘉手納で店を開いていた上原幸四郎は「あさから店を閉めきっています。とにかく品物がだめになるだけでなく，目が痛く，のどに砂がはいってきます。一日たりともがまんできる現状ではない」[15]と砂じんによる経済活動や身体への悪影響を語っていた。

　このような被害への抗議の声は，工事開始直後から村当局に寄せられていた。それらの声を受けて，村では，米軍に対して抗議とともに現状の改善を求めたが，「工事はアスファルトの補修工事で大変急いでいる，工事は長らくかからんと思うので辛抱してほしい」という回答であった。このような回答に対して，要請した村長たちは，憤りをあらわにし「これ以上辛抱出来ない，誠意があればちょっとした工夫で防じん処置は出来ると思うので一刻も早く対策をたててほしい」と強く抗議を行った。その後，6月7日に工事を所管する米国陸軍沖縄地区工兵隊[16]への直接の抗議も行われたが，砂じんの被害は止まらなかった（雨のため一時工事が中断されたが，14日からは工事が再開）。

　再三にわたる抗議と砂じん防止の要請に米軍が応じなかったため，20日には，村議会において「砂塵発生即時停止に関する要求決議」を採択し，翌日には，「砂塵防止期成会」を結成，村民だけでなく，村当局，村議会議員，区教育委員および村内学校長を中心に工事現場近くのゲートで座り込みをはじめた。[17]この時期，村議会は予算審議中であったが，それを中断しての座り込みであった。ゲートの警備員から座り込みの話を聞きつけた米第313空軍師団報道部長のジョージ・M・セイラム少佐ら空軍将校は，抗議団と約1

時間にわたり会見を行った。そこでの両者の主張からは，生活と軍事という対照的な認識をみてとることができる。

この会見での双方の主張について，座り込みの責任者であった村山盛信村議会議長とセイラム報道部長のやりとりを引用してみよう。

　　　[村山] 米軍は私たちの抗議決議，関係当局への直訴にもかかわらず，それを無視して大量の砂じんを村民地域に降らしている。村民はほこりの中での生活をしいられており，目やのどが痛いと苦痛を訴えている。食事さえできない状態だ。工事現場をほかの適当な場所に移すか，さもなければ砂じんが飛ばないような設備をしてほしい。米軍にやる気さえあれば，必ず方法があるはずだ。

　　　[セイラム] このアスファルト工事は滑走路の補修のため行なっているもので完工を非常に急いでいる。村民の被害もわからないでもないが工事を中止することはできない。解決策としてフィルターを取り付けることも考えられるが，設備に多くの時間を要するので無理である。いま突貫工事で作業を進めており，あと三日間もすれば工事は完了する。それまではがまんしてほしい。風の方向が変わらないかぎり解決は望めないだろう。[18]

　ここからは，日常生活もままならないほどの砂じん被害を止めてほしいと主張する村山に対して，被害の防止よりも工事の完成を最優先するセイラムら米軍の認識との違いがみてとれるだろう。この会見の後，21日の午後から工事を一時停止したが，翌日の午後には工事を再開した。この工事再開に対して，「米軍は反省していない」と緊急の村民大会が開かれ，座り込みも継続された。座り込みの開始から三日目にあたる23日，村議会議員らは「米軍は住民の生活をまったく無視，要求は受け入れられていない。村民は一刻たりともゴミの中で生活はできない。最後の手段で抗議をするいがいにない」と強い態度を示し，[19] 翌朝9時半に行われた議会において，ハンガーストライキの決行を決議した。[20]

　ここで決議された「ハンガーストライキ宣言」では，度重なる基地被害から村民の生活と生存（生命）を守るという切実な訴えとともに，米軍による

第 3 章　B52 撤去運動と生活／生存(生命)をめぐる「島ぐるみ」の運動　　85

「軍事優先政策」が明確なかたちで批判されていた。この宣言は，基地の存在自体を拒否したものではないが，上述した KC135 空中給油機の墜落事故後，「一切の米軍軍事基地を除去する」とした村議会決議の延長線上で発せられたものであった。少し長くなるが宣言の全文を以下に取り上げる。

ハンガーストライキ宣言[21]
さる 5 月 29 日以来嘉手納航空隊内アスファルトプラントから排出される砂じんは全村をおおいつくし村民の生活と健康を極度に侵害し，今や村民の生存は危機に瀕している。／われわれは，村民が人間として生きて行ける最低の条件として砂じんの即時停止を米軍当局に訴え続けて来た。然るに米軍は村民の切実な要求をふみにじり依然として死の灰をふりまき，非人道的な行為を続けている。／村民は今日まで基地から派生する諸々の犯罪行為の犠牲をしいられて来た。ジェット機の墜落事件で村民を殺され，連日連夜がなり立てる爆音に身をさいなまれ，その上に死の灰の洗礼を受けて村民は基地あるが故に二重三重の責苦を負わされている。／われわれはもうこれ以上がまんできない。ここに村長，議長を始め村三役並びに全議会議員は重大決意の下にハンガーストライキを決行して米軍当局の自らの利益のためには他の迷惑をかえり見ない村民不在の軍事優先政策に厳重に抗議するものである。われわれは村民の生存権を守るために砂じんの完全停止まで全村民をあげて断固戦いぬく事を誓う。
　右宣言する　1966 年 6 月 24 日　砂塵防止実行委員会ハンスト団

　この決議を受け，10 時に砂じん発生現場でハンガーストライキを開始したが（図6），11 時半に村山と古謝助役が呼ばれ，副司令官のローレンス・E・アレキサンダー大佐から工事中止の通達を受けた。ハンガーストライキを行っていた抗議団に対しては，同日正午をもって工事を中止することが伝えられ，「これまで嘉手納村民に迷惑をかけて申しわけない。工事はもう少し残っているが，一応ここで中止する。残余分の工事は村民に迷惑がかからない方法で行なう[22]」とされた。
　ここにいたって，約一カ月におよぶ砂じん被害は止まったが，この一連の「村ぐるみ」の運動について村山は次のように語っていた。「今回の勝利は村

図6 ハンガーストライキに参加した村民代表 (1966年6月24日)

嘉手納町基地渉外課所蔵・提供

民が一致協力して最後まで戦ったからだ。さっそく被害調査をして米軍に賠償させる。われわれは生活を守るための必要にせまられた戦いだった」[23]。上述した宣言やこの村山の語りからもわかる通り，ここでは，住民の生活や健康よりも基地工事を優先する「軍事優先」への怒りとともに，日常化する基地被害から「生活を守る」ことが強調されていた。

　本章では，ハンガーストライキにまでいたった運動の背景に，「生活を守る」という認識があったことを改めて確認しておきたい。それに加えて，宣言では，「ジェット機の墜落事件で村民を殺され」たことに言及していることから，「生活を守る」ことと生命への危機とは深く重なりあうものであった。そして，度重なる米軍機事故や，このハンガーストライキの経験は，後のB52撤去運動のなかでもくり返し言及され，想起されていくことになる。B52の常駐化以降の動きを理解するには，ここで検討した日常化する基地への不安と「村ぐるみ」での抗議運動の展開を，その歴史的背景としておさえておく必要がある。

第3章　B52撤去運動と生活／生存(生命)をめぐる「島ぐるみ」の運動　87

2　B52戦略爆撃機の常駐化をめぐる不安と撤去運動の展開

(1)　B52戦略爆撃機の常駐化の背景と焦点

　1967年7月，台風をさけて嘉手納基地に一時飛来したB52[24]は，翌年の2月に再び飛来して以降，常駐化することになった。この常駐化の背景には，アジアにおける安全保障情勢の二つの変化があった。成田千尋によると，その変化には，1968年1月の朝鮮民主主義人民共和国による米情報収集艦プエブロ号の拿捕以降の朝鮮半島情勢の変化とベトナム戦争の戦況悪化の二つがあったとされ，これらによって「嘉手納のB52には朝鮮半島情勢の悪化に対する対備と，ベトナム出撃という二つの役割が与えられることになった」(成田2014a：52)のである。

　このような情勢の変化のなかでB52は常駐化されたが，それに対して展開された撤去運動は，嘉手納だけでなく，「島ぐるみ」の動きを伴うものとなった。本書では，この撤去運動の島ぐるみ化の背景として，B52を当時の人びとがどのように捉えていたのか，という点を重視する。というのは，B52の常駐化が進むなかで表出してきた恐怖や危機感は，前項でみたような基地被害に対して積み重ねられた不安と抗議運動の連なりを背景としつつ，加えて「戦争に加担している」「戦争に巻き込まれるかもしれない」といったリアリティを人びとへ与えたからである。そのため，ここでは，嘉手納におけるB52撤去運動の展開において，どのような恐怖や危機感が抱かれつつ，運動が広がっていったのかをみていく。

(2)　嘉手納におけるB52撤去運動の展開

　1968年2月5日，B52は沖縄に飛来したが，台風による避難時とは異なり，米軍当局が目的を語らず[25]，また，短期間に15機もの数が飛来したことから[26]，沖縄の人びとに大きな不安を与えることとなった。飛来後すぐ，嘉手納で商売をしていた古堅秋夫は，沖縄がベトナム戦争に直結していることやB52の恐怖について次のように語っていた。

最近，米兵の数が減ったと感じたとたん，ベトナムから毎日負傷兵が運び込まれるなど，沖縄もベトナム戦争に直結，こうしたなかで毎日多くの人間を殺しているB52が嘉手納に駐留，あの黒い巨体を見せられたとき，背筋が寒くなった。ベトナム戦そのものが他国のことがらとして無関心でいられたが，そうもいかなくなった。私たちは二度と戦争はごめんだ。かりにB52が出撃するとすれば沖縄は戦争に巻き込まれないという保証はない。[27]

　この古堅が感じたような緊迫感は，嘉手納基地周辺の警備状況や地元住民の動向を米陸軍諜報部隊（CIC）が調査しているといった新聞報道を通して，人びとに伝えられていた。[28]

　こういった不安のなか，飛来直後から，原水協などの団体が座り込みや声明を出すなどの抗議を行っていたが，それにとどまらず，嘉手納では村を挙げての撤去運動が模索されていった。12日の朝から，役場の労働組合が中心となり「B52駐機絶対反対」と書かれたリボンをつけ抗議の意思表示を行うと[29]，その日の午後には，嘉手納の農業協同組合，消防隊や保育所の職員らもリボンをつけて運動に参加した（13日には区教育委員会事務局職員も参加）。翌日には，嘉手納の九つの団体が加盟する復帰協嘉手納支部がB52駐機に反対する緊急役員会を開き，「村ぐるみ」での撤去運動の必要性が議論された。

　また，村当局においても，12日に奥間村長ら三役と各課長がB52配備に対する態度を協議し，「即時撤収」を決め，米軍当局に対して要請を行うこととした。14日の午前に，奥間村長らは嘉手納空軍基地司令官のフランク・E・マレックと会見しB52の即時撤収を要請したが，米軍側は配備目的などについては口をつぐみ，情勢は緊迫していないことが強調された。この席上で要請された内容は，前項で触れた基地被害を「不安な生活と犠牲」を強いてきたものと捉え，その上に「直接戦争につながる」B52の配備がもたらした恐怖と不安の大きさを訴えていた。

第 3 章　B52 撤去運動と生活／生存(生命)をめぐる「島ぐるみ」の運動　　89

B52 戦略爆撃機の即時撤収に関する要請書

1968 年 2 月 5 日から嘉手納空軍基地に B52 戦略爆撃機が駐留し，われわれ嘉手納村民は恐怖と不安の中にまきこまれています。われわれは過去に 20 年余基地から発生する被害のために惨憺たる苦難の道を歩んできた。近くは 1966 年 5 月に発生した大型ジェット輸送機の墜落事故或いは同年 6 月の砂塵の問題，過去数年に亘って住民を苦しめている爆音の問題更には航空燃料流出による井戸汚染等続出する基地公害の前に村民は不安な生活と犠牲を強いられている。更にその上今回の B52 爆撃機駐留は直接戦争につながるものとして今や村民の恐怖と不安は頂点に達しており寸時たりとも，これが駐留を許容できない現状でありますので即時この B52 爆撃機を沖縄から撤収されるよう強く要請します。[30]

　司令官への要請の結果を受け，15 日には，臨時議会が開催され，米軍当局や米国大統領に対して「強力な村民運動を展開する」ことも提起され，「B52 核戦略爆撃機の嘉手納基地駐留に反対し同機の即時撤去要求に関する決議」を全会一致で採択した。[31]このような嘉手納での運動に呼応するかたちで，B52 撤去運動が「島ぐるみ」で模索され，2 月末には日本本土での折衝にまでいたる。その過程については以下でみるが，この運動が広がっていった背景には，嘉手納の役場からはじまったリボンを身につけるという意思表示にみられる，無数の抗議の意志と，それを共有してゆく過程が存在したことを指摘しておきたい。

⑶　B52 戦略爆撃機の常駐化に対する「島ぐるみ」の撤去運動

　嘉手納での労働組合の動きと時期を同じくして，2 月 10 日の深夜，立法院では「B52 爆撃機基地化に反対し同機の即時撤収と一切の戦争行為の即時取止めを要求する決議」および「B52 爆撃機基地化に反対し同機の即時撤収と一切の戦争行為の即時取止めを要求する決議に関する協力要請決議」が全会一致で採択された。[32]これらの決議の発議には，沖縄自民党の大田昌知も含め，与野党の議員が参加していた。発議者の代表としての趣旨説明において，大田は，度重なる基地被害に言及したうえで，B52 配備と「戦争の不安

90

と恐怖」について次のように述べていた。

　　[B52 発着の報道に対し] われわれ県民はますます戦争の恐怖と不安にから
　　れておるのであります。第二次大戦の悲惨な戦渦をこうむり，そして世界に
　　このような悲惨な戦争を再びあらしめてはならないという悲願を込めて人類
　　恒久の平和を希求し，訴えてまいりました。／われわれ県民にとっては沖縄
　　が核装備が可能と言われるこの B52 爆撃機の出撃基地として使用されること
　　は耐えがたい，たとえいかなる理由があるにしろ許容しがたいものでありま
　　す。[33]

　この決議を受けて，16 日には日本政府への撤収要請のための代表団派遣
を決定し，翌日には，立法院の与野党代表が高等弁務官に対し B52 撤去の
要請を行った。[34] この動きは立法院にとどまらず，2 月のうちに市町村議会
議長会や中部地域を中心とする市村議会（石川市，浦添村，北谷村および中城
村）からも相次いで「撤収決議」が出された。[35]
　また，嘉手納の役場からはじまったリボン闘争は，沖縄県高等学校教職員
組合（以下，高教組）や教職員会といった教職員組織を中心に広がっていっ
た。いち早く取り組んだのは高教組読谷高校分会であったが，そこでは，20
日の午後から 57 人でリボン闘争に取り組み，職場にいる時間だけでなく一
日中リボンを身につけることを確認していた。当時の報道では「家庭の茶の
間や食卓まで B52 の反対運動が広がっている」と伝えられていた。[36] このな
かで，生徒会としての撤去運動への参加の可能性が語られ，実際に，教員ら
のリボン闘争の様子をみた越来中学校（コザ市）では生徒ら 300 人が自発的
にリボンを身につけて登校していた（図 7）。
　この学校では，リボン闘争への参加を生徒会で決定したわけではなかった
が，クラスに設置されていた投書箱には B52 の恐怖を訴える投書が目立っ
ていたという。学校側は，このような生徒の行動に対して「これは生徒自身
もたんねんに新聞を読み，あるいはベトナム戦争のおそろしさを十分知って
『他人ごとではない。戦争に巻き込まれたくない』と感じとり，リボン闘争

に積極的に参加したのではないか[37]」としていた。

こうしてB52撤去運動は広がっていったが，2月23日から，立法院代表団が上京し，日本政府に対してB52撤去を要請した。しかし，この要請に対して，三木武夫外相は米国に対して撤収を求めることはないと表明，また，27日の佐藤首相への申し入れにおいては代表団に対して「住民の説得」を望むという

図7 リボン闘争の様子

『琉球新報』1968年2月29日夕刊

回答であった[38]。代表団への日本政府の態度に対しては多くの批判がなされ，27日には，原水協が嘉手納において県民大会を開催した。その後，3月に入ってからもB52撤去のための模索は続けられ，同月4日には嘉手納村からの参加者も含めた代表団を改めて派遣したが，日本政府の協力は得られなかった。

この日本政府への要請結果について，2月の立法院代表団は，帰任した際に「本土と沖縄間の感覚的なズレが非常に大きい」と指摘していたが，この点は重要であろう。既にみてきたように，運動の広がりの背景にあったB52への恐怖や不安は，核装備の有無にとどまらず，ベトナム戦争が身近なものとなり「戦争が起こるかもしれない」という認識と密接に関わっていた。このことは，B52の配備以降，軍車両が弾薬を積んで民間道路を行き交い，60機にもおよぶ大型輸送機が飛来し，また，弾薬を運搬する輸送船の発着が増えるなど，まさに「生活のなかに戦争が入り込む[39]」という情勢の緊迫化からくるものであった。

これに対し，同時期の日本本土においては，1964年から65年にかけて横田基地にもB52が飛来していたこと[40]や，ベトナム戦争の激化に伴う横田基

地の輸送基地化が報じられていたものの，B52 の配備自体への不安と，それに伴う戦争への切迫感は必ずしも大きくはなかった。そのことは，上記のような日本政府の態度だけでなく，たとえば，『朝日新聞』の投書欄（1968年 2 ～ 3 月）においても，当時の情勢への中心的な関心が「日本国憲法と軍事力」「非武装中立論」や「安全保障と防衛」といった国家的な政治・外交問題に集まっていた，という点からもうかがえる。

　この代表団派遣以降も，立法院議員野党や地域での B52 撤去決議キャンペーンなどが継続的に取り組まれたが，3 月からの立法院軍関係特別委員会では，この問題について与野党間の対立が浮き彫りになった。そこでの対立の焦点は，主に日本政府への評価と撤去決議を出すことの是非という二つの点にあった。一方の与党（沖縄自民党）は，日本政府による B52 撤去に向けた外交努力を評価し，協力の姿勢を打ち出したのに対して，もう一方の野党（沖縄社会大衆党，沖縄社会党および沖縄人民党）は，日本政府への批判的な態度を崩さず，撤去決議を改めて可決することを主張していた。この対立の背景には，11 月の主席公選選挙とその前哨戦である嘉手納村長選挙などが具体的な政治日程にのぼっていたことがあった。

　そのような事情もあり，沖縄自民党は，7 月の本会議において強行採決を行い，B52 撤去決議と日本政府への協力要請決議をともに否決することになる。B52 常駐化をめぐる政治的な局面での対立が顕在化するなか，8 月に行われたのが，嘉手納村長選挙であった。次節では，そこでなにが問われたのかについて検討する。

II　嘉手納村長選挙においてなにが問われたのか

　ここでは，以上でみた B52 撤去運動の島ぐるみ化の動向も踏まえ，1968年 8 月に行われた嘉手納村長選挙の位置づけについて検討する。この選挙は，B52 撤去運動が続けられ，ベトナム戦争への前線基地化がとりざたされるなかで行われた。第 2 章で触れたように，この選挙戦において，イモ・ハダシ論が打ち出され，基地を容認するとされた沖縄自民党の古謝が当選した。日

第3章 B52撤去運動と生活／生存(生命)をめぐる「島ぐるみ」の運動 93

常的な基地被害のなか，基地への不安や危機感がありながらも，このような結果が出たのは，どのような背景からだろうか。Ⅱでは，嘉手納村長選挙の過程でなにが問われたのか，また，ここでの選挙結果が嘉手納村外に対して，どのような影響をもたらしたのかをみていく。

1 嘉手納村長選挙の経過とそこで問われたもの

1968年8月，嘉手納村長選挙は奥間村長の任期満了に伴い行われたが，沖縄自民党の側は前年から組織づくりをはじめていたとされ，村助役で基地被害の対応にもあたっていた古謝（選挙当時，43歳）は早い段階で沖縄自民党からの出馬を決めていた。当初，同村は基地に関わる課題が多く，村助役としての古謝の実績を評価する声もあり，「村内には古謝氏が出れば革新政党も対抗馬は出さないのではないか」という見方もあった。しかし，村議会の野党議員を中心とした嘉手納村革新共闘会議（以下，嘉手納革新共闘）は，7月8日に統一候補として平安病院（精神科・神経科）の事務長であった平安常慶（選挙当時，53歳）の擁立を決め，同月11日の告示後，選挙対策本部（選対本部）を設置した。

このように選挙戦の当初から，嘉手納村長選挙は，11月に予定されていた主席公選選挙や立法院議員選挙の「前哨戦」として位置づけられ，とりわけ基地に対する住民の態度の「バロメーター」ともされていた。上記の情勢のもとで選挙戦が展開されたため，11月選挙に向けた組織戦の一環として自民党陣営と嘉手納革新共闘が対立したが，同時に，選挙の進め方や，基地問題に対する認識と訴え方には異なる面もみられた。ちなみに，この選挙の前に行われた，今帰仁村長選挙（8月11日投票）では，同様の対立構図で選挙戦が展開され，僅差で革新共闘側が勝利していた。村助役であり地域的な基盤をもつ古謝に対抗するうえで，嘉手納革新共闘側は，このような情勢も後ろ盾としていた。

まず，選挙の進め方についてであるが，演説会などの宣伝活動への組織的な応援は両陣営とも共通していたが，選対本部の構成や選挙運動の中心的な担い手において相違がみられた。両陣営とも選対本部の役職者の多くは村議

会議員であったが，自民党側が元職の奥間を代表とし，地域の経済界についても固めていたのに対して，一方の嘉手納革新共闘の側は全沖縄軍労働組合（以下，全軍労）委員長の上原康助をトップとし，顧問に立法院議員の知花英夫（沖縄社会大衆党）を置くなど，全県的な革新共闘会議の路線を反映しやすいような組織となっていた。⁽⁴⁹⁾また，当時の報道によると，自民党側が青年会や婦人会などの地域組織をテコに選挙活動を行っていたのとは対照的に，⁽⁵⁰⁾嘉手納革新共闘の側は村外からの組織的な動員をかけることで政策の浸透を図っていた。⁽⁵¹⁾ここからは，地域での選挙に徹しようとする古謝陣営と，革新共闘会議の組織戦によって進めようとする平安陣営の違いが浮き彫りになるだろう。

　この選挙戦での力点の置き方の違いは，中心的な争点とされた基地問題に対する認識と訴え方における違いとしても表れた。まず，古謝陣営では，基本姿勢と政策について，大きく「村政」「日本復帰」および「米軍基地」の三つの項目に分けて，以下のように提示していた。

　　▷村政に対する基本姿勢　①村民の融和をはかり明るくくらしよい村の建設を目標とする②村内の諸問題は是々非々主義を採用する③行政は不偏不党公平無私の態度を保持する。
　　▷日本復帰に対する姿勢　可及的速やかに施政権が本土に返還され，沖縄住民が日本国憲法の下で生活できるよう努力する。
　　▷米軍基地に対する姿勢　①本土並み米軍基地の態様を主張する②基地被害は米軍に積極的にその善処方を要求するとともに，すべて日琉両政府の責任において早急に処理されるよう努力する。⁽⁵²⁾

　ここでは，日本本土の自民党の「本土並み米軍基地の態様を主張する」という路線を認めながらも，基地被害への積極的な対応を掲げ，また，村政への基本姿勢として行政上の課題への「是々非々」での対応が打ち出されている。実際に，選挙戦では，古謝からB52撤去や爆音被害の原因となっていた「駐機場の移転」など，具体的な基地被害の除去への努力が打ち出されていた。⁽⁵³⁾これに対して，平安陣営においては，革新共闘会議の路線と共通す

第3章 B52撤去運動と生活／生存(生命)をめぐる「島ぐるみ」の運動 95

る「即時無条件全面復帰」や自民党の一体化政策への批判などが掲げられていた。以下がその政策の概要である。

> ［平安陣営は］民主主義，反戦平和，祖国復帰，自治の確立，財政の確立，教育文化，生活と権利擁護，村民福祉，産業育成など10項目にわたる具体策を発表した。／そのなかの反戦平和で爆音やあらゆる基地被害の排除，アメリカのベトナム侵略反対，B52撤去，平和な静かな生活を取りあげ，さらに祖国復帰では平和条約第三条を撤廃し即時無条件全面復帰と自民党の一体化政策粉砕をかかげている。

ここで重要なのは，度重なる基地被害を前に，立法院においては対立が顕在化し撤去要請が廃案とされたB52をめぐる問題について，両陣営ともに基地被害の除去として訴えていた，という点である。これは，Iでみた「生活を守る」という認識自体は，保守や革新といった立場を超えて共有されていたことを示している。ただし，そこでの主張を支える認識は，日本政府の復帰路線に対する評価（基地の本土並み態様や一体化政策など）や，戦争そのものに反対するか，といった点では異なっていた。

まさに嘉手納村長選挙と同じ時期，第2章でみた即反協の流れをひく「守る会」も活動をはじめていた。この会も生活の重視を訴えていたが，そこでの認識は，嘉手納におけるB52や基地被害への不安と恐怖に対するものと，「経済的にやっていけるかどうか」という意味での同会の捉え方とでは異なるものであった。

この選挙戦を受け，8月25日の選挙当日には約93％もの村民が投票し，選挙結果としては，古謝3,920票に対して，平安2,745票と1,100票以上の差で古謝が新村長として選出された。以上のような選挙戦の過程と内実をみていくと，嘉手納村長選挙において問われたのは，「基地に対して賛成か反対か」や「基地反対か経済か」といった二者択一というよりは，「基地からの被害はなくしてほしいが，それを日本政府の方針のもとで行うか，革新共闘会議の方向性で行うか」という選択であったと言える。しかし，古謝の当

選という選挙結果は，嘉手納村外において，「基地反対か経済か」の選択と
して解釈され，イモ・ハダシ論の対立のなかで理解されていくことになる。

2 嘉手納村長選挙に対する反響とイモ・ハダシ論

(1) 嘉手納村長選挙の結果に対する評価

嘉手納村長選挙の結果は，同選挙が11月の三大選挙の前哨戦として位置
づけられており，1,100票以上の差がついたことから反響を呼んだ。そのな
かで，嘉手納での生活をめぐる認識が浮き彫りにされることになる。

両陣営の選挙結果に対する評価からみてみると，古謝陣営の與那覇孫太郎
選対本部事務局長は，その勝因について「①候補者が村政に明るく，その人
柄が党派を越えて支持されたこと②出足が早く，組織づくりを昨年7月から
始めたこと③現実に即した政策をかかげ，これが村民に受け入れられたこ
と」を挙げていた。これに対して，平安陣営は，「①革新共闘としての立ち
遅れ②不じゅうぶんな政策浸透③しかも全県民的な立ち場から"基地問題"
を訴えたのに対し相手側は身近な"生活"をアピールしたのだから，われわ
れとしては政策浸透に全力を注ぐべきだった④相手候補が，村政に明るいと
いうことで党派をこえた支持を集めた⑤区長に至る行政末端まで相手側にに
ぎられたこと」などを敗因としていた。ここからは，古謝陣営において
「現実に即した政策」とされていたものが，嘉手納革新共闘側には「身近な
"生活"をアピール」したと捉えられていたことがわかる。

それでは，「現実に即した政策」や「身近な"生活"」とは，具体的になに
を意味していたのだろうか。古謝は村長就任の抱負として，公約としたB52
撤去と駐機場移転をめざし，基地被害の除去を強調したうえで，次のように
述べていた。「今回の選挙で明らかなように嘉手納村は基地沖縄の縮図とい
われた。基地撤去はもちろん歓迎する。しかし，その前にまず私たちは食べ
なければならない。多くの基地公害をかかえる当村にとって公害の段階的解
消が先決と考える」。この抱負からは，嘉手納における現実や「生活」とは，
「食べなければならない」という意味での経済的な論理と，段階的に（すな
わち目にみえるかたちで）基地被害を減らしてほしい，という二つを含み込

第3章　B52撤去運動と生活／生存(生命)をめぐる「島ぐるみ」の運動　　97

んだものであることが読みとれる。

　だが，嘉手納以外での，この選挙結果の捉えられ方は，必ずしも上述した
二つの側面を捉えるものではなく，「食べなければならない」ことを基地容
認と結びつける見方も打ち出され，それがイモ・ハダシ論の議論へとつなが
っていく（選挙とイモ・ハダシ論の関わりについては後述）。

　当時のメディアでの報道において，それが対照的に出ていたのが，『沖タ』
と『琉新』の社説であった。一方の『琉新』では，選挙の結果は，基地への
態度を「黒白を決めるような単純なものではない」と評し，必ずしも基地容
認を示すものではないとしていた。少し長くなるが，重要な指摘であるため
引用する。

　　　革新候補にとってこんどの選挙が戦いづらかったのではないかと思われるの
　　は，保守候補といえども "基地賛成" ではないからである。基地に賛成か反対
　　かと黒白を決めるような単純なものではないところにむずかしさがあった。
　　／この沖縄の心のもつヒダの複雑さはこれまでのたびたびの各種機関が行な
　　った世論調査によってはっきり現われている。それは基地のない住民地域に
　　基地をもってくることに賛成か反対かということではなく，現実に共存して
　　いる基地をどう考えるかということであろう。そこには白もあれば黒もある
　　だろうが，またその中間の灰色の部分もかなりあることは否定できない。／
　　したがって自民の古謝候補が当選したからといってそれがそのまま基地容認
　　あるいは現状固定化につながるものではないであろう。当選村長自身嘉手納
　　基地の爆音緩和問題の改善を公約していることは裏を返せば基地公害の存在
　　を認めていることにほかならない。基地のなかにありながら，いろんな公害
　　にさいなまれながらいかにしてそれを減らし，かつ村民の生活を守っていく
　　か，新村長の責務は大きい。[58]

　保守系の候補であっても「"基地賛成" ではない」という指摘は重要である。
嘉手納村長選挙のような保革が対立するとされた選挙のなかでも，基地への
拒否感は，度重なる基地被害への抗議運動などを通して共有されていたとも
言えるだろう。この「基地に賛成か反対か」に集約できない感情を，ここで

は，「沖縄の心のもつヒダの複雑さ」として表現していた。

　これに対して，『沖タ』の社説では，古謝村長が抱負で述べたような「食べなければならない」という意味での生活の重視を，基地容認と結びつけ，イモ・ハダシ論的な枠組みのもとで，次のように解釈していた。

　　　両方の言いぶんを要約すると，自民党が基地に支えられた生活を強調し，革新共闘側は即時無条件復帰による基地被害の排除ということではなかったかと思う。あえて区別すれば，基地を是認し，それに生活を依存するか，それとも撤去という形で基地被害を排除するか，という主張であったわけであろう。むろん選挙には基地問題だけでなく，その他のことも作用するものであるが，こんどの村長選挙の結果からいうならば，嘉手納村民の多数は，生活の問題もからんで，基地是認の態度を表明したことにはなろう[59]。

　以上のような受けとめに対して，米軍側では，嘉手納空軍基地司令官のマレック大佐が，選挙結果について「古謝氏の勝利は喜びにたえない。助役としての古謝氏が嘉手納基地に対して行なった協力もじゅうぶん理解している。こんごもできるだけ協力を行ない，双方の親善を深めたい」と「異例のコメント」を発表した[60]。また，USCAR は，選挙戦の経過と結果について分析を行っており，古謝が選挙を優位に進めた要因として，基地や B52 への反対を主張する革新側よりも効果的に政策を打ち出せたことを挙げつつも，B52 撤去などの基地問題については譲歩し，革新側と同様に訴えたことを重視していた[61]。

　この見解からしても，両候補が基地被害の除去を訴えたため，この問題が選択の基準とはならず，生活重視の政策を打ち出した古謝の勝利につながった，と考えることができるだろう。以上のことから，占領統治を行う側では，一方で，保守陣営の勝利を喜びながらも，同時に，この結果をもって基地が容認されたという見方はとっていなかった。

(2) 選挙結果への反響とイモ・ハダシ論

『琉新』のような選挙への評価の一方で，選挙結果に対する反響や反応の一部は，『沖タ』の社説に示されたような「基地を容認し生活を守るか，戦争に反対し基地撤去を求めるか」という対立構図のもとで焦点化されていった。イモ・ハダシ論については，嘉手納村長選挙を起点に語られることもあるが，実際には，「選挙結果をどう捉えるのか」が問われるなかで浮上してきたものであった。ここでは，『沖タ』と『琉新』の評価も踏まえながら，主に新聞紙上における読者投稿欄でのやりとりの検討を通じて，選挙結果の反響とイモ・ハダシ論的な認識についてみてみたい。

選挙後の8月30日，「悲しい喜劇役者たち」と題された投稿が『琉新』において掲載された。そこでは，基地があることによる不安や恐怖を抱えながらも，古謝村長を選んだことへの皮肉を述べつつ，嘉手納村民の多くが「基地を容認」し，日本政府の政策に期待を寄せたことに対して，次のように批判していた。

> 巨大な基地をもち，この20数年，彼らはそこから来る爆音，油害，犯罪に苦しめられてきたはずだ。少女が空から降ってきたジープに圧殺され，井戸は火を吹く，ジェット機のゴウ音は生活をかき消す。それなのに彼らはこんな判断をした。正否は歴史に待つとしても実に面白いではないか。／私たちは悲惨な戦争体験を通して，もう"殺す"ことも"殺される"こともだれにも許せないという気持ちを心にたたき込んでいるはず…。ということは自分が苦しむ基地公害をなくすると同時に殺さないための基地撤去でなくてなんであろう。そこには取って替わる手段など存在しない。それを"ある"かのごとく一体化とか本土並み縮小とかいうのはごまかしで大きくても殺人の機能に変わりはないのだ。しかし，嘉手納村民は半数以上が基地を容認したかたちとなった。そして新村長は言うのだ。「私の責任は被害補償をいかにうまく解決するかで防止の保障は国がする」と。国とは日本のことと考えるが，その日本は基地を認め，殺人の共犯者だ。それに何が期待できるというのか（男性・コザ市在住・会社員）[62]。

この表面上の皮肉の背後には，悲惨なまでの基地被害と戦争体験を抱えながら，それでも「基地撤去」を主張できない嘉手納の人びとへの怒りともとれる感情が表出していた。この投稿に対して，9月3日には，嘉手納の住民から上記の投稿者に対して名指しで反論する「一体化は絶対に必要」という投稿がなされた。そこでは，一方で，基地を身近に置くことによる苦しさを認めながらも，日本政府のとる「一体化」の必要性とともに，生活を維持することの大切さがくり返し強調されていた。

　　［8月30日の投稿に対して］これは嘉手納村民をバカにした投書であると思います。浜田さんは，いろいろ基地の持つ悪い面を上げて，今度の村長選挙を批判していますが，基地があるためにいろいろ苦しいことがあることは事実です。／しかし，それでもなお，基地の存在を認めなければならない村民の生活を浜田さんはわかっているでしょうか。対岸の火事でも見るような気持ちで，勝手なことを言っては困ります。それから，日本は基地を認め，殺人の共犯者だからなにもたよりにならないと書いてありますが，それではわれわれはどこの国をたよりにしたらよいのですか。ソ連ですか，中共ですか。いま，沖縄の私どもが気をつけなければならないことは，出来そうもないことを勇ましくかけ声だけをかけていることに，ごまかされないことであります。／村民は，基地をいつまでも置けとは言っていません。こうした問題は，祖国日本に信頼を寄せて，国と国との話し合いによって解決されなければならない。そのために，一体化は今の沖縄には絶対必要であると信じます。私どもは生きています。生活しなければなりません。そのことを県民の皆さん忘れないでください（男性・嘉手納村在住）[63]。

　この声から読みとる必要があるのは，「基地をいつまでも置けとは言っていません」として基地の容認ではないことを強調しつつ，同時に，基地撤去の訴えに対しては「出来そうもないことを勇ましくかけ声だけかけている」として，その現実性を否認している点である。そして，この二重の意味での否定のなかで，そこでの認識を支えたものが，「生活しなければなりません」という言葉に集約された生活の論理であったと言える。このやりとりの後，

基地容認の村長を選んだ嘉手納村民に対する怒りや嘆きが重ねて語られた
が，嘉手納に住む者からは，上述の声と同様に「対岸の火事のように見て
おられる」として傍観者的な態度が批判され，基地を完全に否定しては生活
していけないことが語られた。[65]

　この嘉手納村長選挙の結果をめぐるやりとりや，第２章で触れた経済界の
動きと「守る会」の活動などを受けて，９月中旬頃から11月の三大選挙直
前にかけてイモ・ハダシ論争が顕在化することになる。

　ただし，嘉手納に住む者の声も一様ではなく，選挙後も改善されない基地
被害を前に，９月中旬には古謝村政に対する批判も出されていた。これに対
して，読者投稿欄上において村長名での応答がなされたが，そこでは「一切
の基地被害を，私は絶対に認める考えはありません」ということが改めて強
調されていた。[66]

　以上みてきたことをまとめてみよう。嘉手納村長選挙の結果は，両候補が
基地被害の除去を掲げていたことからもわかる通り，単純な基地の容認を示
すものではなかった。しかし，この選挙結果の嘉手納村外での受けとめられ
方は，基地と生活をめぐる複雑な現実を，二者択一的な枠組みへと押し込め
ようとするイモ・ハダシ論に沿ったものであった。このような評価への反発
のなか，目の前の生活を強調せざるをえない嘉手納の人びとの声は，度重な
る基地被害による不安や恐怖と，生活を重視する態度との間で引き裂かれた
ものとして存在していた。この引き裂かれた認識のもとにあった嘉手納にお
いて，11月に起った B52 爆発事故は，改めて生活や生存（生命）への危機
を呼び起した。この危機的な出来事を前に，B52 撤去運動は，再度「島ぐる
み」の動きとして浮上することになるが，このテーマについては次節で検討
していきたい。

Ⅲ　B52 爆発事故によって喚起された生活／生存(生命)への危機

　Ⅱでみたように，1968 年８月の嘉手納村長選挙における古謝の当選は，
必ずしもイモ・ハダシ論が嘉手納において受け入れられたことを意味せず，

図8 B52爆発事故を報じる地元紙

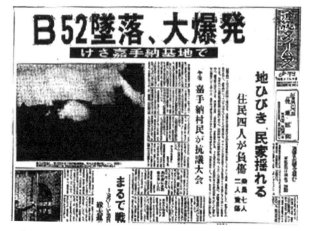

『沖縄タイムス』1968年11月19日夕刊

むしろ基地をめぐって引き裂かれた認識を背景としていた。その後，11月には主席公選選挙が行われ，イモ・ハダシ論の浸透を受けて経済開発の必要性を強調した西銘は，基地撤去という政治課題を前面に打ち出した屋良にやぶれた（沖縄タイムス社［編］1970）。

　この選挙の直後にB52爆発事故は起こったが（図8），B52撤去をめぐって古謝村長は運動の先頭に立ち，嘉手納から撤去運動が展開されることになる。このことは，8月の嘉手納村長選挙の結果が単純な基地容認ではなかったことを改めて示したと言える。Ⅲでは，B52の爆発という出来事が，基地をめぐる嘉手納の人びとの生活や生存（生命）への危機を再び喚起し，村をあげた撤去運動が展開された過程をたどる。ここでの検討は，B52撤去運動が嘉手納を超えて「島ぐるみ」の動きとなり，2・4ゼネストがめざされた1969年1月から2月の動きを理解するために欠かせないものである（このテーマについては次章で扱う）。

　以下では，まず，B52爆発事故をめぐる経過と被害の実態をみていくことで，嘉手納の人びとの生活や生存（生命）に対して，この事故がどのような危機感を与えたのかを検討する。そのうえで，嘉手納においてどのように

第3章　B52撤去運動と生活／生存(生命)をめぐる「島ぐるみ」の運動　　103

B52撤去運動が展開され，そこにはどのような「生活・生命への想い」が伴われていたのかをたどっていく。最後に，嘉手納や沖縄の人びとの認識を浮かび上がらせるため，権力（占領）の論理として爆発事故の危険性を低くみつもり，危機を遮断しようとした認識についても触れる。

1　B52爆発事故をめぐる経過と訴えられる恐怖

　嘉手納における B52 撤去運動について検討する前に，爆発事故後の経過と被害の実態についてみておこう。11 月 19 日未明の 4 時 15 分頃，嘉手納基地を離陸した B52 が，その直後に嘉手納村とコザ市の境界付近に墜落し，大爆発を起した（図 8・9）。事故機は弾薬を搭載しており，数十回にもわたる爆発であった。後日，この爆発によって地面に 10 〜 50m 近くの穴が空いたことが報じられたが[67]，ここからも爆発の大きさと住民への衝撃がうかがい知れる。しかも，事故現場は，民家のある集落（屋良地区）からも近かったため，なかには爆風によって窓ガラスが割れ，壁に破片が突き刺さるなどの被害もみられた。

　この集落に住んでいた池原吉孝（当時，高校生）は，事故当日，大きな爆発音で起され，タンスがひずむほどの衝撃に驚き「嘉手納基地が攻撃されたのかもしれない」と急いで家族と避難の準備をしたという。その後，兄弟で屋根に登り，爆発音のする方向を見たところ，嘉手納基地からはキノコ状の雲があがっていたため「最初は核攻撃をうけたと思った」と証言している[68]。また，事故当日の報道では，この爆発事故直後の状況について，次のように報じていた。

　　ぬれタオルをたたきつけるようなにぶい爆発音が続けざまに数回。2，3 秒おいて大気をゆるがす大爆音――一瞬，上空にキノコ状の噴煙があがり，嘉手納，コザ，読谷あたりまで赤々と照らした。空から糸くずのようにパラパラと降ってくる機体の破片，たたきつけるように襲ってきた強い爆風に一帯の住民は B52 の事故―原爆を連想，恐怖に包まれた[69]。

周辺の住民たちは，爆発の衝撃をうけ，家から飛び出す者や体をこわばら
せて顔をのぞかす者，子どもを避難させる者などがいたが，「戦争が起こっ
た」「ベトナムから爆撃が来た」「ベトナム兵が攻めてきた」と叫ぶ住民もお
り，その場はまさに「戦場」と形容され，騒然とした状況であった。この事
故による住民の死者はなかったが，16 人が重軽傷を負い，また，校舎や家
屋など 365 軒に被害が出た（嘉手納町基地渉外課［編］2015：83）。
　この「戦場」を彷彿とさせた事故は，上述の物理的な被害だけでなく，シ
ョックから喋ることができなくなる者や，恐怖と不眠を訴える者も出るなど，
住民への精神的な衝撃も大きかった。とりわけ，子どもたちへの影響は大
きく，事故後には授業を行える状態ではなかったため，作文や絵を書かせる
と爆発事故への恐怖をつづる者が多くいたという。
　嘉手納中学校のある生徒は，以下のように事故当時の状況を作文に書いて
いた。

　　突然二発ドドーンと聞こえ，続いてすごい爆発音でパッと飛び起き，一瞬戦
　　争だと思った。おかしいほど心臓がドキドキする。祖母は "ヤーアンナイン
　　ヨ"（いったとおりとうとう爆発した）と，しきりにわめいている。両親が，
　　いつ弾薬庫が爆発するかわからないから，"着がえて逃げる用意をしておけ"
　　とせき立てる。"もう私たちは最後だ" と思った。妹たちをせき立てフトンの
　　中にもぐり込んだがブルブルふるえてしようがない。つい "もうきょうまでの
　　命だ" と口走ってしまった。

　このような子どもたちによる B52 爆発事故への恐怖や怒りの訴えは，そ
の後，教職員による B52 撤去運動でも取り上げられ，また，後述する中・
高校生自身の運動への参加の動機ともなっていった。
　また，この事故の恐怖には，「最初は核攻撃をうけたと思った」や「原爆
を連想」という証言・報道にみられるように，核兵器への恐怖をも含むもの
であった。B52 の常駐化以降，同機への核兵器の搭載が問題化していたが，
加えて，事故翌日の 20 日には，嘉手納基地に隣接した知花弾薬庫における
核貯蔵施設の存在が明るみに出たことで，住民にさらなる恐怖を与えるこ

第3章　B52撤去運動と生活／生存(生命)をめぐる「島ぐるみ」の運動

図9　B52爆発事故現場（左）と核貯蔵施設（右）

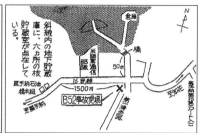

『琉球新報』1968年11月19日夕刊（左），同20日（右）

ととなった（図9）。

　このような核兵器への恐怖が抱かれた背景には，この年8月に米軍の原子力潜水艦が那覇港へ寄港したことや，爆発事故直後の11月21日から28日までの間，那覇市の沖縄タイムスホールにおいて「原爆展」が開催されていたことなどがあった。この原爆展には，一週間あまりの展示期間にも関わらず3万5,000人が訪れ，参加者のなかには「沖縄でもさいきんB52の爆発事故や原潜の排出するコバルト60による海水汚染など核兵器に対する恐怖，戦争に対する不安が高まっていますが，私はこの原爆展をみて被害の大きさ，戦争のおそろしさを改めて認識させられました」と語る者もいた。

　とりわけ，当時の報道では，子どもら（小学生から高校生まで）の参観の多さが指摘されており，那覇市内の小学校のあるクラスは，原爆展の感想を詩集にまとめて新聞社に投稿していた。そこでは，次の詩のように，原爆への恐怖とB52の存在が結びつけられていた。

　　原爆展を見た。
　　のうがやけて，
　　体中がやけ，かおがやけ
　　人間がおそろしいすがたに
　　かわっていた。
　　おそろしいことだ。

「世界中にはみんながいる」
原爆をなくしたい。
沖縄にも今，B52 がある。
原爆がばく発したらたいへんだ
原爆がにくい。
わたしは心からそう思った。[77]

　以上のように B52 爆発事故を前後し，原潜寄港や原爆展を通して，核や核兵器の「恐ろしさ」を多くの人たちが目の当たりにしていたのである。
　B52 爆発事故の与えた衝撃と恐怖とは，物理的な被害にとどまらず，「戦場」の想起や核兵器に対する恐怖をも伴うものであった。これらの恐怖が，嘉手納の人びとの生活や生存（生命）の危機を呼び起し，B52 撤去運動が広がっていくことになる。

2　喚起された生活 / 生存(生命)への危機と B52 撤去運動の展開

(1)　喚起された生活と生存（生命）への危機

　1でみたような B52 爆発事故の衝撃は，どのようなかたちで生活や生存（生命）への危機を呼び起したのだろうか。事故の直後，嘉手納村長の古謝は『琉新』紙上に「戦争の恐怖知った」という談話を出し，爆発事故への恐怖と怒りを表すと同時に，基地のあり方そのものを問い直す必要があると次のように主張した。

　　ことばに出せないほど怒りに燃えている。われわれは飛行機の墜落のたびに二度と起こすなと抗議してきた。今度の事故で，まざまざと戦争の恐怖をたたき込まれた。このような大きな事故，飛行機墜落だけでなく爆弾まで爆発させたことは村自体が基地のあり方を考えなければならない時期に追い込まれた。琉球政府，本土政府，アメリカ政府はより強力にわれわれ住民の生命，財産を守るよう最大の責任をとってもらいたい。[78]

第 3 章　B52 撤去運動と生活／生存(生命)をめぐる「島ぐるみ」の運動　107

　古謝によるこの危機感を伴った言葉において，「住民の生命，財産を守る」
ということが強調されていたことに着目したい。というのも，この主張は，
B52 撤去運動が島ぐるみ化していくなかで一致点として浮上し，結集軸とな
っていったからである。この日の夕方には，抗議のための村民大会（村当局，
村議会および村教育委員会の共催）が開かれ，5,000 人あまりの参加のなか，
古謝村長の挨拶に続き，村議会議員や幼稚園・中学校の教諭などが相次いで
意見を述べた。その意見のなかには，「この事故で，われわれはイモを食べ
てもよいから，戦争のない安全な生活がしたい。子どもたちも生まれてはじ
めて戦争の恐ろしさを身にしみて感じたと不安を訴えている」と真っ向から
イモ・ハダシ論の論理を否定し，爆発事故によって喚起された戦争への恐怖
について言及する者もあった。[79]

　そして，集会の最後では，爆発事故への抗議と B52 の即時撤去を要求す
る決議があげられたが，[80] そこでは，事故直後の恐怖を「村民は突如として
起った一大音響に戦争が起ったのかと恐怖し戦慄の一夜を過した」とし，
1962 年と 66 年の墜落事故の記憶や，基地・弾薬庫の身近で生活してきたこ
とへの恐怖にも触れていた。そのうえで，以下のように B52 への恐怖と怒
りから，「即時撤去」を要請すると述べていた。

　　　われわれ嘉手納村民の目前に B52 や KC135 が駐留している事と弾薬倉庫が設
　　置されている事実，更に B52 が原水爆搭載機である事に思いをいたす時誡に
　　身の毛もよだつ思がする。若し，B52 が弾薬倉庫に墜落したら？／もし，B52
　　が原水爆を積んでいたら沖縄県民の犠牲は想像を絶するものがあったであろ
　　う。このたびの爆発事件によってこのような事件が再び起らないという保障
　　は何一つない事を知った。よって，われわれ村民は，自からの生命と平和を
　　守るために，このたびの爆発事件を起した米軍当局に対し，腹の底から怒り
　　を込めて厳重に抗議すると共に B52 を即時撤去するよう村民大会の名におい
　　て強く要求する。[81]

　爆発事故という目の前で生じた危機のなか，そこで焦点として浮上したの
は，「住民の生命，財産を守る」（古謝村長）や「生命と平和を守る」（村民大

会決議）といった生きることそのものの重要性であった。また，この集会では，「嘉手納村民は自らの生命と財産を守り平和な生活を獲得するために，すべての党派をこえて立ち上がらねばならない」とし，一丸となってB52撤去を求めることが強調されていた。

既に村民大会においても主張されていたが，爆発事故によって危機が喚起されるなか，イモ・ハダシ論において提示された認識への批判や拒否感が村内外から出されることになる。新聞の声欄には，事故直後から多くの投稿が寄せられていたが，そこではB52や基地そのものに対する危機感とともに，経済的な豊かさを強調し，基地を容認するイモ・ハダシ論への違和感が直接的に表明されていた。

たとえば，「B52事件に思う」という投稿では，次のように指摘されている。

> 平和な日常生活はおびやかされ基地公害には悩やまされ，それでなお基地は産業なりといって基地がなくなればイモをも食えないと大まじめでおっしゃる御仁がいるとあってはいつまでも戦争の恐ろしさからのがれることはできまい。生命が尊ばれ，健康で平和な暮らしが保障されてはじめて経済的発展も物質の充足もその意義があるのである（男性・那覇市在住・20代・商業）。

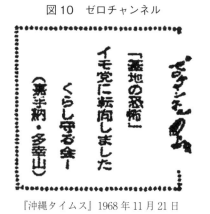

図10　ゼロチャンネル

『沖縄タイムス』1968年11月21日

この投稿では，B52の爆発による恐怖と戦争の恐ろしさが結びつけられ，「生命」と「平和な暮らし」を守ることが重要であると主張されている。その観点からすると「基地がなくなればイモも食えない」と主張するイモ・ハダシ論の論理は，基地から経済的な豊かさを得るために，守るべき「生命」や「平和な暮らし」を否定するものと捉えられている。この投稿と関連して，

第3章　B52撤去運動と生活／生存(生命)をめぐる「島ぐるみ」の運動　　109

図10を見てほしい。

　この『沖タ』の読者投稿によるコラム（ゼロチャンネル）に寄せられた声は，事故の起った嘉手納からのものであるが，極めてシンプルなかたちでイモ・ハダシ論を拒否している。「イモ党」への転向として示されているのは，「基地の恐怖」を前にし，イモを食べるほどの貧しさに陥っても基地はいらない，という B52 撤去の論理であろう。そして，同コラムで興味深いのは，この主張を打ち出す主体として，「くらし守る会」が選ばれた点である。第2章でみたように，即時復帰反対論からイモ・ハダシ論へといたる議論のなかで強調されたのは「生活を守る」ことであり，また，貧しさからのがれることであった（嘉手納村長選挙にも通底）。

　しかし，この論理は，生活や生存（生命）自体を否定する「基地の恐怖」を前に後景へと退き，逆に，B52（ないし基地）の撤去こそが生活を守るものである，という認識が前面に出てくることになる。先に，嘉手納の人びとの基地をめぐる認識の二重性を指摘したが，このような変化は，基地の突きつける暴力的な現実への恐怖を感じとり，基地の拒否をより重視したことの現れであった。

　このような危機に対する感受性とイモ・ハダシ論への拒否感は，B52 撤去に動く古謝村長の認識においても示されていた。何度か触れてきたように，古謝村長は，爆発事故の直後，「保守系」を自認し，また，それを公言しながらも撤去運動へと向かう理由を次のように語っていた。

　　19日の爆発事故のさい死の恐怖にさらされた村民が避難していいのかどうかきいてきても“適当に判断して…”としか答えられない村長，警察，消防署——そこに果たして政治があるというのかね。私はたしかに政党人で，しかも保守系だが，なにもロボットではない。村民に背は向けられないよ。B52 をどけるために効果があれば，村民大会もやるし，ほかの集会にでも参加する。[84]

　この痛切な古謝の言葉には，死の恐怖にさらされた村民の声を聞き，そこに背を向けることができないという認識と，B52 撤去に動くことを「政治以

前の問題」とする「想い」が横たわっていた。[85]以上のような生活と生存（生命）への危機を背景として，嘉手納でのB52撤去運動は，大きく広がっていくことになる。

(2) 嘉手納におけるB52撤去運動の展開

　B52爆発事故後の撤去運動においては，古謝村長を含め，村当局も直後から動きをみせていた。事故当日の午前中に，緊急に開かれた嘉手納村議会（臨時会）では，村当局の対応について報告されるとともに，B52即時撤去だけでなく，事故の原因である基地の撤去にまで踏み込んで議論がなされた（全会一致でB52および基地撤去を決議）。[86]それを受けて，翌日，古謝村長は，米軍，琉球政府および立法院に対してB52撤去の要請を行い，松岡政保主席に基地撤去も含めた折衝を求めていた。[87]

　22日には，嘉手納空軍基地司令官のマレックにB52撤去を申し入れたが，爆発事故を「交通事故のようなもの」と発言し，村民だけでなく村外の人びとの反発をも生むことになった（この発言内容については3にて詳述）。爆発事故の恐怖や不安が広がり，また，マレック発言への反発も出るなかで，同年2月にリボン闘争の先頭に立った嘉手納村役場では，「B52撤去」の横断幕が掲げられ，役場職員らがポスターやビラの配布を開始した。[88]29日には，村民大会を開いた村当局，村議会および村教育委員会による三者協議会がもたれ，基地被害への対応を行っていた「爆音防止対策期成会」を発展的に解消させることを決め（12月5日に「基地対策協議会」が発足），村をあげてB52の撤去運動を行うこととしていた。[89]このなかで，嘉手納の家々には「生命を守るためB52を撤去させよう」と書かれた「貼り紙」がはり出され，[90]B52撤去の意思が示されることになる。

　この村当局を含めた撤去の動きだけでなく，爆発事故後の撤去運動の広がりにおいて特徴的だったのは，子どもたちと女性などによる自発的な意思表示や，教職員によってストライキなどの直接行動がとられた点であった。既にみたように，子どもたちは爆発事故の恐怖と衝撃から作文や絵に事故の様子を書いていたが，その姿を目の前で見ていたのが「母親」である女性たち

第3章　B52撤去運動と生活／生存(生命)をめぐる「島ぐるみ」の運動　　111

や教職員であった。ここでは，それぞれの取り組んだ撤去運動についてみていきたい。

　まず，女性たちの運動であるが，11月24日の午後に有志が公民館に集まり話し合いをもち，爆発事故についてそれぞれが意見を交わした。その場においては，「いつまた爆発事故が起こるとも限らないので家を留守することもできない」「いまだに不安がいっぱいで，一家の安住の場所さえ，失ってしまった」といった不安と怒りの声が出され，「子どもの生命，村民の生命を守るために」という目的から「総決起大会」の開催と，基地周辺でデモや座り込みを行うことを決めた。⁽⁹¹⁾

　この会合の翌日，代表の5人は，古謝村長に対してB52撤去運動への協力要請を行い，村当局も協力を表明した。その席上で語られたのは，撤去運動を進める彼女らの切迫感の表明でもあった。そこでは「このさい滑走路にでも座り込みたい気持ちです。こどもや村民の生命を守るために全婦人が立ちあがることを決意しました」という言葉が発せられた。⁽⁹²⁾30日に行われた総決起大会には，約500名の嘉手納村内の女性が参加し，中学生や高校生を含め，参加者の多くからB52撤去への思いが語られた。主催者の代表として，屋良小学校幼稚園教諭は大会開催の目的について「子どもたちや全村民の命を守る」として，次のように強調していた。

　　さる19日のB52爆発事故は私たち婦人だけでなく，子どもたち全村民を死の恐怖に陥れた。この大会はだれが呼びかけたものでもなく，B52爆発事故に怒りをいだく婦人たち一人，二人が集まり行なわれたもので，私たちは子どもたちや全村民の命を守るため婦人が先頭に立ち上がりB52を即時撤去させなければならない。⁽⁹³⁾

　この大会では，「B52核戦略爆撃機の墜落事故に対する抗議と核兵器即時撤去を要請する決議」が採択され，⁽⁹⁴⁾終了後は，大会会場から基地周辺までデモを行った。その後，嘉手納の女性によるB52撤去運動は，組織的な動きとも合流するなかで進められていったと考えられる。⁽⁹⁵⁾

だが，爆発事故後も B52 の出撃は止まらず，12 月 2 日には，着陸しよう
とした B52 が滑走路を飛び越えて基地のフェンス近くに衝突する事故が起
った。重ねて抗議を行っていた矢先の事故であったため，村当局からも抗議
の声があがったが，それにとどまらず，村内の教職員会では，4 日に緊急の
会議を開き 7 日にストライキを行うと宣言した。既に同会では「なんらかの
形で抗議行動をとるべきだ」という意見が出され，討議を行っていたが，2
日の事故を受けて急きょ宣言を出すにいたった。二度目の事故直後という
こともあり，この宣言では，目の前の「死の恐怖」が 11 月の爆発事故と重
ね合わせて強調され，また，米国へ B52 撤去を求めようとしない日本政府
への厳しい態度を表明していた。以下では，宣言の一部を引用する。

> われわれ嘉手納村民が，もっとも恐れて，またとくりかえすまいと心に念じ
> ていたあの 23 年前をまざまざと呼びさまさせた去る 11 月 19 日未明の B52 墜
> 落爆発。そして，二週間を待たず村民の恐怖もさめやらぬうちにおこった爆
> 発寸前の事故にはげしい怒りと死の恐怖を覚えた。／［中略］ベトナム戦争
> の花形ともいうべき B52 の撤去を叫ぶわれわれの怒りを無視し，それに敵対
> して日本政府はベトナム戦争への協力をとりつけたことは一体何を意味する
> のであろうか。いまやわれわれは，日本政府のこの現実に対して，「裏切られ
> た」，「失望した」という弱々しい泣きごとを言っておれない。日本政府の弱
> 腰をつきあげ，村民の生命，財産を守り，子どもらの幸せを実現するために，
> われわれの底からの力で，アメリカの厚い壁を突き破る以外に道はないと確
> 信する。／［中略］ついに村当局，村議会，村教委三者が一体となって，墜
> 落当日抗議大会をもつにいたった。「生命は何物にもかえられない」ことを確
> 認し，一切の基地公害から身を守るには基地撤去以外にないことの結論をみ
> た。／われわれはこれまで B52 撤去要請リボン斗争・抗議大会・デモ行進等
> あらゆる方法で全力をつくしてきたがアメリカの厚い壁を突き破ることはで
> きなかった。もうこれ以上我慢できない。一日も早く B52 を撤去させるには，
> あえてここに重大決意をし，11 月 7 日午前 8 時から 12 時間ストに突入する。
> 右宣言する。1968 年 12 月 4 日　嘉手納教職員会

この宣言にいたる経過について，当時，屋良小学校の事務をしていた宮平

第3章　B52撤去運動と生活／生存(生命)をめぐる「島ぐるみ」の運動　113

良啓は，地域の教職員会が独自にストライキを計画することは稀なことであり，爆発事故への切迫感が背景としてあったのだろうと証言している。[98] 教職員らは，宣言発表後，古謝村長をはじめ村議会議長や教育委員長，各校のPTA会長のもとを訪れ，ストライキへの理解と協力の要請を行った。いずれも，B52撤去を目的としたストライキの意義を認め，古謝村長も協力を約束するという反応であった。[99]

　一部の報道では教職員の政治参加が批判されたものの，[100] 一連の動きは，「村ぐるみ」でのB52撤去運動として肯定的に捉えられていた。7日のストライキ当日，教職員らは，午前中の総決起大会後にデモを行い，基地周辺に座り込んだ。その場には，教職員だけでなく，役場職員，村民やPTAからの参加者もあり，デモに対して沿道からは「孫や子供たちのために，先生方がよく立ち上がってくれた」といった応援の声も投げかけられた。[101] 児童生徒に対しては，前日に教員から説明があり，ストライキ当日は自宅での学習となっていたが，デモを応援する者や「きょうはB52を追い払うため先生たちはデモをするので，家で勉強するようにいわれたが，ぼくたちもデモをいっしょにやりたい。B52はこわいので，早くいなくなった方がいい」[102] と語る子どももいた。

　このように，嘉手納でのB52撤去運動の展開は，村当局にみられるように，1960年代半ばからの基地被害に対する村をあげた運動の蓄積と同時に，子どもたちや村民に突きつけられた生活と生存（生命）に対する恐怖を背景として取り組まれたと言える。女性たちと教職員がデモやストライキといった直接行動の前面に出たのは，まさにそのことを表している。嘉手納において「村ぐるみ」での運動が展開されるなか，より広範囲の「島ぐるみ」を志向する動きも同時に出てくることになる。ゼネスト直前にまでいたるB52撤去運動の島ぐるみ化の過程については，次章において詳述する。

3　B52撤去の要求と危機を遮断する論理

　B52撤去をめぐる運動は，爆発事故によって目の前の生活と生存（生命）の危機があらわになり，それが感じとられるなかで展開された。しかし，こ

のような危機を捉える感受性を，まさに危機のさなかにおいて遮断しようと
する認識もまた提示されていた。嘉手納村長らは，嘉手納空軍基地司令官で
あるマレックに B52 撤去を求めた際に，この認識に直面することになった。
マレックはこの要請の席上で，「B52 爆発事故は交通事故と同じようなもの
だ。沖縄には民間機も飛んでいるし，タクシーは走る，石油もある。これら
タクシーがいつ事故を起こすかだれも予測できない。B52 爆発も同じとみる。
しかし今後，事故再発防止には全力を尽くす」と口にした。この発言に対し
ては，「これまで米軍にはがまんしてきたが，もうがまんできない」や「こ
の態度がまた事故を…」という声も出された。

　このマレック発言には，軍用機である B52 を民間機やタクシーと同列に
扱い，事故の危険性を低くみつもることで，爆発事故への恐怖（危機）を遮
断しようとする論理が現れている。これは，占領者としての米軍の植民地主
義的な認識であると言えるが，同時に，そこに共鳴してしまう沖縄側からの
声をも聞き取っておかなければならない。

　B52 の爆発事故が起こる半年以上前，1968 年 3 月の『時報』「論壇」欄に
おいて「B52 の正しい理解について」が掲載された。B52 の常駐化が問題と
なっているさなかの投稿である。ここでは，B52 に関する報道が恐怖心をあ
おるものであると非難し，B52 の安全性には全く触れていないと反論した。
その根拠として，水爆を搭載した B52 の墜落事故においても，爆発にいた
らなかったことを取り上げ，「安全装置がいかに完全無欠であるかを証明す
るものであり，このことは我々に安心をこそ与え，決して恐怖感を抱かせる
ものではない」と主張していた。ここには，水爆を共産主義への対抗上，容
認するという反共イデオロギーと抱き合わせのかたちで，B52 や基地への恐
怖感を安全性の強調により遮断しようとする論理が透けてみえる。

　また，B52 の爆発事故後でさえ，経済界の雑誌においては，次のような認
識が示されていた。

　　　B52 が墜落した場合に核が爆発する恐れがある，というような世間話を聞い
　　　たことがある。しかし，私共の軍事的観点から見れば，アメリカ人の家族も

第 3 章　B52 撤去運動と生活／生存(生命)をめぐる「島ぐるみ」の運動　115

住んでいる所であるし，それに対する考慮は充分されていると思う。いや，落ちたらすぐ爆発するんだと考えるのは，あまりにも相手側の宣伝に乗ぜられているように思う。／もし，全面戦争というようなことがあったとしても，むしろ沖縄が一番安全ではなかろうかとさえ，私は思うのである（杉田1969：23）。

　この主張は，元防衛庁陸上幕僚長によるものであり，イデオロギー的な側面を批判することは容易である。しかし，一連の考察を踏まえて指摘しておく必要があるのは，「全面戦争」という事態においてさえ「沖縄が一番安全」だとする論理であり，そこに垣間みえる恐怖や危機への感受性の欠如である。このような認識は，B52 や基地に対する恐怖を遮断することによって，現状を肯定させようとする論理として，たえず形を変えて提示されることになる。この統治者側の論理を，住民らが抱いた認識と対照的なものとして把握することで，そこでの危機感のもつ切迫性を，よりはっきりと理解することができるだろう。

まとめと小括

　本章では，B52 撤去運動が嘉手納という地域においていかに展開されたのかを，基地被害の蓄積とそこで醸成されていった認識，そして B52 爆発事故がもたらした恐怖や危機感といった側面に着目して明らかにしてきた。

　ここでは，次章への展開とも関わって，以下の二つの点について考察してみたい。

　第一の論点は，イモ・ハダシ論による対立の深まりのなか，B52 爆発事故後の撤去運動が嘉手納において広がっていった背景をどう理解するのか，という点に関わっている。本章で検討してきたように，嘉手納においてくり返されてきた米軍機事故やハンガーストライキの経験は，後の運動でもたびたび言及され，生活や生存（生命）という争点が幾度となく浮上していた。このことから指摘する必要があるのは，B52 爆発事故後の撤去運動が，爆発事

故という「一時的な」衝撃だけを背景としたのではなく，それまでの嘉手納における「生活や生命を守る」という運動の連なりのなかで展開されていった，という点である。

　この点を考慮に入れると，一方で，嘉手納の人びとが，村長選挙において狭い意味での生活（経済活動）を成り立たせることを重視し，基地容認と目された古謝を村長に選びながらも，B52爆発事故後，村をあげて撤去運動が展開されたことの意味合いも理解できる。それは，事故の衝撃によって，生活や生存（生命）への危機が改めて喚起されたことで，経済活動を重視する認識に対して転換が迫られ，そのなかで村をあげた撤去運動が展開された，ということである。本論の図10で取り上げた，イモ・ハダシ論を批判した読者投稿（ゼロチャンネル）において，B52撤去を求める「イモ党」への転向を「くらし守る会」という主体に託したのは，重視するべき「くらし」（生活）の意味合いがまさに問われ，転換を迫られていたことを象徴的に表すものであったと言える。

　第二の論点は，B52爆発事故がもたらした生活や生存（生命）への危機の深さ（ないし深まり），という点である。本論で検討したように，嘉手納の人びとは，くり返される米軍機事故，爆音や砂じん被害のなかで生活や生存（生命）を間断なくおびやかされてきた。しかしながら，このB52爆発事故は，ベトナム戦争の激化に伴って「生活に戦争が入り込む」なかで起ったものであった。そのため，事故後に逃げまどった人びとは，爆発音や爆発後の情景から，ベトナム戦争を連想し，また，その情景に対して「戦場」という形容を与えたのである。事故翌日に明るみに出た，核弾頭の貯蔵庫の存在に対する恐怖とあいまって，ここでの戦争への恐怖は，従来以上に，生活や生存（生命）に対する危機感の深まりをもたらし，同時に，それが嘉手納という地域に限定されるものでないことも認識されていった（原爆展などを通して）。B52撤去運動が嘉手納を超えて，「島ぐるみ」の動きとして広がった背景には，B52爆発事故のもたらした，「生活や生命への危機の深まり」という契機が存在していたのである。

　この二つの考察も踏まえ，次章では，B52撤去運動の「島ぐるみ」に向け

第 3 章　B52 撤去運動と生活／生存(生命)をめぐる「島ぐるみ」の運動　117

た動きについて，2・4 ゼネストへといたる過程を追いながら検討する。そこでは，従来のような運動体中心の B52 撤去運動（およびゼネスト）の検討ではなく，地域・階層を超えた取り組みの存在や，経済界や嘉手納からのゼネスト阻止の動きについても扱う。

[註]

⑴　村当局や住民からは「爆音」と呼称されていた。そのため，以下ではこの「爆音」という呼び方で統一する。

⑵　嘉手納村役所『基地被害と経過』(1968 年 3 月)，沖縄県祖国復帰協議会文書「嘉手納基地関係資料 1968.03」沖縄県公文書館所蔵（R10000560B）。

⑶　同上。また，この抗議決議に対しては，1963 年 3 月 5 日付で米国第 5 空軍司令部から回答が寄せられていた。そこには，明確な謝罪や補償への言及はなく，「過去における貴村民の我々に対する御協力を心から感謝申し上げ同時に斯様な悲惨な出来ごとに御容赦下されんことを嘉手納村議会並びに村民にお伝え願います」としただけであった（嘉手納村役所『嘉手納村広報』第 25 号 (2)）。

⑷　米軍による補償に関しては，日本弁護士連合会 (1970) および上記の『基地被害と経過』を参考にまとめた。先行研究では，米軍当局や琉球政府法務局の文書などにもとづき，補償のあり方を検討したものはないため，今後の研究が待たれる。この点については，櫻澤も「補償問題を具体的に論じた研究が皆無」（櫻澤 2012c：175）と指摘している。櫻澤の研究 (2012c) では，1959 年 6 月の宮森小学校ジェット機墜落後の補償問題について，復帰協の結成 (1960 年) とも関連づけ，戦後沖縄における人権擁護運動の転機として位置づけている。

⑸　『沖タ』1966 年 5 月 20 日。

⑹　この事件は，1965 年 5 月，読谷村に住む小学生の棚原隆子が，米軍による落下傘の降下演習中，トレーラーに圧殺された事件で「隆子ちゃん事件」と呼ばれている（表3）。日本教職員組合・沖縄教職員会［編］(1966) には，子どもたちによる事故当時の恐怖と米軍への憤りが綴られている。

⑺　『沖タ』1966 年 5 月 20 日。

⑻　『沖タ』1966 年 5 月 21 日。

⑼　「1966 年第 4 回嘉手納村議会（臨時会）会議録第 1 号」（嘉手納町議会事務局所蔵）より引用。この嘉手納村議会での抗議決議については，『沖タ』1966 年 5 月 21 日夕刊の報道もある。なお，村議会の会議録は，村議会議長であった村山の回顧録にも一部掲載されている（村山 2008）。これ以外に，嘉手納村議会における議員活動については，渡口彦信 (2010) も参照のこと。

⑽　『沖タ』1966 年 5 月 29 日。

⑾ 当委員会の発足については，5月21日の嘉手納村議会（臨時会）において「事
　故対策委員会」の設置として話し合われていた（「1966年第4回嘉手納村議会
　（臨時会）会議録第1号」（嘉手納町議会事務局所蔵））。

⑿ 復帰前の沖縄における基地被害への補償は，1952年以降，米国による「外国
　人損害賠償法（Foreign Claims Act）」にもとづきなされていた。1959年6月に
　起きた宮森小学校ジェット機墜落事故を受け，米軍被災者連盟が結成され，米
　軍当局と琉球政府に対する補償の要請がなされた。そのなかで，日本本土への
　訴えも行われたようだが（櫻澤2012c），基地被害への補償は，あくまでも米国
　の制度のもとで，「米国の軍隊と現地住民との対外的友好関係を維持するという
　政治的目的のため」（日本弁護士連合会1970：65）に行われたとされる。

⒀ 同期成会については，嘉手納村役所『嘉手納村広報』（第37号（2））および
　『琉新』1965年7月6日を参照のこと。結成後，この会では，日本本土へ代表を
　送るなどの要請活動を行い，爆音防止や補償措置を求めると同時に，立川基地
　や横田基地における周辺地域の爆音防止対策について調査を行っていた（宮城・
　吉浜1966）。爆音防止のための要請活動に関しては，『琉新』において報道され
　ている（1967年7月11日，17日および21日）。本論で後述するように，B52
　爆発事故後の対応において，同期成会は，「嘉手納村基地対策協議会」へと発展
　的に解消された（嘉手納町基地渉外課［編］2015）。

⒁ 『沖タ』1966年6月21日。これと関連して，嘉手納中学校に通うある生徒は，
　砂じんの被害について「のどをいためたり，目をいためたりしている人もあり
　ます。その他，朝食ぬきで登校する生徒も少なくないのです。家のなかでは，
　病人がふえる一方です」と記していた（日本教職員組合・沖縄教職員会［編］
　1966：226）。この証言からも，砂じん被害の大きさがうかがい知れる。

⒂ 『沖タ』1966年6月20日夕刊。

⒃ 米国陸軍沖縄地区工兵隊（District Engineer U. S. Army, Okinawa：通称DE）
　は，戦後直後から，基地建設を所管していた米軍の部署である。

⒄ 米軍への抗議から座り込みまでの過程は，嘉手納村役所『嘉手納村広報』（第
　41号（1）），『琉新』1966年6月22日および『沖タ』1966年6月21日夕刊を参
　照した。

⒅ 『琉新』1966年6月22日。

⒆ 『沖タ』1966年6月24日。当時，村議会議員であった渡口彦信へのインタビ
　ューでは，再三にわたる抗議を米軍が聞かなかったことがハンガーストライキ
　の背景にあったとされる（2016年6月17日インタビュー）。

⒇ 「1966年第6回嘉手納村議会（定例会）会議録第10号」（嘉手納町議会事務局
　所蔵）。

(21) 本宣言の全文については，村議会会議録において「聴取困難」とされた箇所

第 3 章　B52 撤去運動と生活／生存(生命)をめぐる「島ぐるみ」の運動　119

もあるため（多くは爆音による），『沖タ』1966 年 6 月 24 日夕刊から引用した。

⑵　『琉新』1966 年 6 月 24 日夕刊。

⒀　『沖タ』1966 年 6 月 24 日夕刊。

⒁　『琉新』1967 年 7 月 27 日。

⒂　成田（2014a）では，2 月 5 日からの配備について国防総省からの指示ということで沈黙を守ったとされている。「B52，爆弾積み飛来　米軍行き先などいっさい黙秘　嘉手納」（『琉新』1968 年 2 月 6 日）。

⒃　『沖タ』1968 年 2 月 7 日夕刊および 9 日夕刊。

⒄　『琉新』1968 年 2 月 10 日。

⒅　『琉新』1968 年 2 月 7 日夕刊および 8 日夕刊。

⒆　この労働組合（正式名称は「自治労嘉手納村役所労働組合」）では，9 日の午後に緊急執行委員会を開いて「リボン闘争」をはじめることを決めており，復帰協嘉手納支部への呼びかけを行い「全村民が B52 の駐機に反対するリボン闘争をするよう働きかける」としていた（『沖タ』1968 年 2 月 10 日夕刊）。

⒇　「1968 年第 2 回嘉手納村議会（臨時会）会議録第 1 号」（嘉手納町議会事務局所蔵）。

㉑　同上。

㉒　いずれも立法院第 36 回定例第 3 号より（http://www2.archives.pref.okinawa.jp/html2/36/36-03.pdf，2018 年 12 月 10 日最終閲覧）。立法院は，このように B52配備後の早い段階から動いていた。その背景の一つとしては，既に，1965 年 7月 30 日に，ベトナム戦争への出撃と戦争行為の取り止めを求める要請を決議していたことが挙げられる（http://www2.archives.pref.okinawa.jp/html2/28/28-35-04.pdf，2018 年 12 月 10 日最終閲覧）。

㉓　立法院第 36 回定例第 3 号より（http://www2.archives.pref.okinawa.jp/html2/36/36-03.pdf，2018 年 12 月 10 日最終閲覧）。

㉔　成田の見解にあるように「この時点では，B52 に対する恐怖や反発は，与野党を超えて共有されていた」（成田 2014a：53）と言えるだろう。

㉕　『沖タ』1968 年 2 月 23 日および 27 日，『琉新』1968 年 2 月 24 日を参照のこと。また，南部の糸満町議会議長らも立法院に B52 撤去要請を行っていた（『沖タ』1968 年 2 月 26 日夕刊）。

㉖　『沖タ』1968 年 2 月 21 日夕刊。

㉗　『琉新』1968 年 2 月 29 日夕刊。

㉘　日本政府側の態度の背景については成田（2014a）を参照のこと。佐藤首相のこの回答に対して抗議した議員へ，首相が「抗議にきたのか。君は出ていけ」と怒鳴る場面もあった。この対応は，沖縄側からの反発を受けることになる。

㉙　『琉新』1968 年 2 月 14 日夕刊，『沖タ』1968 年 2 月 17 日夕刊および 21 日。

現在，嘉手納町議会議員を務める田仲によると，当時の嘉手納基地には，弾薬庫からの地下通路もなく，住民も使用している軍用道路において弾薬運搬の車両が目撃されたという（2016年6月15日インタビュー）。

(40) 『朝日新聞』1968年3月13日。

(41) 『朝日新聞』1968年3月13日夕刊。

(42) 『朝日新聞』1968年2月29日および3月31日。2月の投書においては，全体の8,704通のうち，1割以上にあたる1,020通が，この月の倉石発言（軍事力を持つことのできない日本国憲法を批判した倉石忠雄農林大臣の発言）に対する意見であった。また，3月については，全体の8,382通のうち，「非武装中立論」が397通とテーマ別では一番多く，「安全保障と防衛」に関する投稿も202通であった。

(43) 琉球政府文書・立法院行政法務調査室「日誌軍関係問題特別委員会第36回議会定例1968年」沖縄県公文書館所蔵（R00158500B）。

(44) 『琉新』1968年7月20日など。

(45) 『沖タ』1968年8月27日。

(46) 『琉新』1968年7月9日。

(47) 『沖タ』1968年7月11日。

(48) 『沖タ』1968年8月12日夕刊。

(49) 各陣営の選対本部のメンバーについては，『沖タ』1968年7月11日および24日を参考にまとめた。平安陣営には，11月選挙に向けて結成されていた「屋良さんを励ます会」嘉手納支部の結成発起人のメンバーが委員として入っており，革新共闘で組織固めされていた。また，古謝陣営には地元企業である比謝川配電社長の浜元朝孝が副本部長として入っていた。

(50) 『琉新』1968年8月24日。

(51) 長年，嘉手納の町史編さんに携わってきた宮平友介は，この村長選挙に関わって，保守・革新ともに組織的な応援はあったが，地域の人にとってはあまりなじみがなく，地域の有力者の方が力をもっていたのではないか，と述べている（2016年6月3日インタビュー）。

(52) 『沖タ』1968年7月24日。

(53) 『沖タ』1968年8月24日。

(54) 1968年8月に嘉手納革新共闘は，「即時復帰をかちとるために1968年8月」（沖縄県公文書館所蔵・平良幸市文書（0000061911））という文書を出し，一体化政策の批判など基本的な考え方を示していた。本資料には，嘉手納村長選挙を示唆する記述はないが，出された時期と内容から選挙用に作成されたと考えられる。この文書について，当時，嘉手納教職員会に携わっていた元学校事務の宮平良啓によると，地方組織において独自にパンフレットを作成する余力は

第3章　B52撤去運動と生活／生存(生命)をめぐる「島ぐるみ」の運動　121

なかったため，中央組織（沖縄教職員会など）の発行した文書を利用したのではないか，とのことであった（2016年6月3日インタビュー）。

(55)　『沖タ』1968年8月6日。

(56)　『沖タ』1968年8月27日。

(57)　『琉新』1968年8月27日。

(58)　『琉新』社説 1968年8月27日。

(59)　『沖タ』社説 1968年8月27日。

(60)　『沖タ』1968年8月27日。

(61)　このことは，先行研究でも取り上げられているが（成田2014a），古謝陣営の政策の評価について，基地の経済的な役割を強調したイモ・ハダシ論的なアプローチ（"fish and rice" approach として表現されている）が功を奏した，という点については言及していない。また，USCARは，B52撤去に対する嘉手納住民の意識を考慮し，国務省担当者などにB52撤去を要請していた（成田2014a：60）。原資料は，USCAR渉外局文書 International Relation Files, 1968：B-52's, 沖縄県公文書館所蔵（U81100993B）である。

(62)　『琉新』1968年8月30日。

(63)　『琉新』1968年9月3日。

(64)　いずれも嘉手納以外に住む者からの投稿であった。「嘉手納村民よ真の目を見開け」（女性・コザ市在住・20代・公務員，『琉新』1968年9月4日），「もう嘉手納村民に同情しない」（女性・コザ市在住・主婦，『琉新』1968年9月6日）および「嘉手納村民よ」（那覇市在住，『琉新』1968年9月17日）などを参照。

(65)　「賢明だった嘉手納村民」（男性・嘉手納村在住，『琉新』1968年9月12日）。

(66)　抗議の声としては「嘉手納村当局にもの申す」（嘉手納村在住，『琉新』1968年9月19日）が出され，それに対して，村当局から「基地被害は絶対認めない」（『琉新』1968年9月27日）という応答が読者投稿欄において交わされた。また，古謝村長は，9月27日の嘉手納村議会定例会において就任の挨拶を行い，基地問題について「挙村体制」で臨むことが必要であることや，「村民の融和」に向けた是々非々主義の採用について，改めて強調していた（「1968年第7回嘉手納村議会（定例会）会議録第1号」（嘉手納町議会事務局所蔵））。この就任挨拶の背景には，上記のような村政への批判もあったと考えられる。

(67)　『沖タ』1968年11月22日および『琉新』1968年11月22日。

(68)　池原へのインタビューより（2016年5月26日）。彼は，少し落ち着きを取り戻した後，「米軍機の墜落ではないか」と考え，事故現場を見に行ったという（道路は米軍によって封鎖されていた）。

(69)　『沖タ』1968年11月19日夕刊。この事故直後の描写にある「パラパラ」と降ってくる機体の破片については，インタビュー調査においても何度か指摘され

ていた（田仲 2016 年 6 月 15 日インタビューおよび池原 2016 年 5 月 26 日イン
タビュー）。証言していただいた方のなかには，事故現場から 2km の地点でそ
の音を聞いた者もあり，爆発による衝撃の大きさがうかがい知れる。

⑺ 『琉新』1968 年 11 月 25 日。

⑺ 『琉新』1968 年 11 月 26 日。

⑺ これについては，沖縄教職員会（1969）や雑誌『世界』の特集（世界編集部
1969）が挙げられる。

⑺ 『琉新』1968 年 11 月 20 日。

⑺ この原爆展は「世界平和への祈りをこめ，再び原爆の悲劇を繰り返さないた
めに」という趣旨のもと，沖縄タイムス社と朝日新聞社の共催で開催された
（『沖タ』1968 年 11 月 21 日夕刊）。この年，日本本土でも朝日新聞社と広島市・
長崎市の共催で原爆展が開催されていたため，沖縄での原爆展も，その一環と
して開かれたと考えられる（広島市・長崎市・朝日新聞社［編］1968）。ただし，
沖縄タイムス社の社史には 1980 年代の原爆展の開催に関する記述しかなく（沖
縄タイムス社［編］1998），現時点の調査では，当時の資料（パンフレットなど）
の存在は確認できていない。

⑺ 『沖タ』1968 年 11 月 29 日。

⑺ 『沖タ』1968 年 11 月 25 日。

⑺ 「原爆展をみて　小禄小 6 年 1 組の詩集　おそろしい原爆　沖縄にも B52 があ
る！」（『沖タ』1968 年 11 月 27 日夕刊）。関連する記事としては，「思い知らさ
れた戦争の恐ろしさ　原爆展，現代っ子は何を感じた！」（『沖タ』1968 年 11 月
28 日夕刊）も参照のこと。また，第 4 章にて取り上げるが，原爆展をみた高校
生が「原爆展と B52 爆発事故」（『琉新』1968 年 12 月 13 日）という読者投稿も
行っていた。

⑺ 『琉新』1968 年 11 月 19 日夕刊。

⑺ 『時報』1968 年 11 月 20 日。

⑻ 同上。

⑻ 「B52 核戦略爆撃機の墜落爆発事件に対する抗議と即時撤去を要請する決議」
沖縄県祖国復帰協議会文書・文書綴「嘉手納基地関係資料 1968.03」沖縄県公文
書館所蔵（R10000560B）。

⑻ 『沖タ』1968 年 11 月 20 日。

⑻ 『沖タ』1968 年 11 月 21 日。

⑻ 「B52 撤去へ突っ走る　保守村長の古謝得善氏　"政治以前の問題"　村民に背
は向けられぬ」（『沖タ』1968 年 11 月 23 日）。

⑻ 当時，沖縄タイムス社の嘉手納支局に勤めていた玉城は，爆発事故後，読谷
に支局を移そうと考えていたところ，古謝村長から「地元の人は逃げられない

第3章　B52撤去運動と生活／生存(生命)をめぐる「島ぐるみ」の運動　　**123**

のに，記者はすぐ逃げられるところにいくのか」と言われたという（2015年4月2日インタビュー）。古謝のこの言葉からも，村民に背を向けられないという認識がうかがい知れる。

(86)　「1968年第8回嘉手納村議会（臨時会）会議録第1号」（嘉手納町議会事務局所蔵）。この臨時会において，「B52核戦略爆撃機の墜落爆発事件に対する抗議と軍事基地の即時撤去を要求する決議」が全会一致で採択された。

(87)　『沖タ』1968年11月21日。

(88)　『沖タ』1968年11月24日。

(89)　一連の経過については，『琉新』1968年11月30日を参照のこと。また，基地対策協議会への組織変更については，嘉手納町役場企画課［編］（1983）および嘉手納町基地渉外課［編］（2015）も参考にした。

(90)　『琉新』1968年11月27日および『沖タ』1968年11月30日。

(91)　「B52もうガマンできません　嘉手納　立ち上がる母親たち　デモ，座込みで抗議へ」（『沖タ』1968年11月25日）。

(92)　『沖タ』1968年11月25日夕刊。

(93)　『琉新』1968年12月1日。

(94)　「B52核戦略爆撃機の墜落事故に対する抗議と核兵器即時撤去を要求する決議」沖縄県祖国復帰協議会文書・文書綴「嘉手納基地関係資料1968.03」沖縄県公文書館所蔵（R10000560B）。

(95)　資料の制約から詳細な経過は把握できなかったが，第4章で詳述する「県民共闘会議」に沖縄婦人連合会も参加し，日本本土への陳情にも副会長が参加している（沖縄県婦人連合会［編］1981：406）。

(96)　『琉新』1968年12月5日。

(97)　「B52墜落爆発への抗議とB52撤去に対するスト宣言」（宮平良啓2008：81）。

(98)　宮平良啓へのインタビューより（2016年6月3日）。

(99)　当時，嘉手納中学校に赴任していた仲宗根藤子は，ストライキに対して，「上の先生方や教育委員会も好意的で，一体感のあるなかで運動を進めた」と語っている（2016年6月13日インタビュー）。

(100)　『時報』1968年12月7日。

(101)　『琉新』1968年12月7日夕刊。

(102)　同上。

(103)　『琉新』1968年11月22日夕刊。このマレック発言において示された認識は，占領下の沖縄だけにとどまらず，現代においてもみられる。2010年12月，米国国務省日本部長のケビン・メアは，米国の学生に対して以下のように語った。「私が沖縄にいたころ，『普天間飛行場は特別に危険ではない』と話した。沖縄の人たちは，私の事務所の前で発言に抗議した。沖縄の人たちは普天間飛行場

が世界で最も危険な飛行場だと主張するが，彼らはそれが本当のことではないと知っている。福岡空港や大阪伊丹空港だって同じように危険だ」（『琉新』2011年3月8日）。この発言は問題化しメアは更迭されたが，恐怖を遮断しようとする論理は，この発言からもみてとることができるだろう。この「危機の遮断」という視点については，鳥山淳「差別の構図『メア発言』を穿つ〈6〉『危険』訴えを抹殺：原発事故にも潜む心性」（『沖タ』2011年3月24日）も参考にした。

(104) 『琉新』1968年11月23日。

(105) 小浜信太郎「自由論壇　B52の正しい理解について」（『時報』1968年3月19日）。

第4章　B52撤去運動の「島ぐるみ」での広がりと2・4ゼネスト

はじめに

前章では，B52爆発事故以降の嘉手納での撤去運動の広がりまでをみてきた。この運動は，地域や階層を超えて展開され，「島ぐるみ」での運動となっていく。そのなかで，ゼネストの実施がめざされ，B52撤去をめぐる政治的局面での対立も顕在化していった。本章で明らかにするのは，次の二つの点である。それは，第一に，嘉手納での動きに呼応して，B52撤去運動がいかに「島ぐるみ」の動きになっていったのかを，2・4ゼネストにいたる過程から明らかにすること，第二に，B52撤去運動が2・4ゼネスト回避というかたちで収束していった経過と背景について，嘉手納でのゼネスト決行拒否の陳情活動と経済界からの回避の動きに着目して明らかにすること，の二つである。

従来，2・4ゼネストに関する研究や当事者の証言は，主にB52撤去を目的とした屋良主席の日本政府との折衝や，ゼネスト回避にいたる運動体内部の動きを中心として扱われてきた。[1]しかし，ゼネスト回避の背景には，ゼネスト決行による経済的な損失を問題視する経済界や，基地被害に直面しながらも身近な経済活動を重視せざるをえない嘉手納の現状も存在していた。ここでは，身近な経済活動を重視する認識が再浮上する過程も取り上げ，ゼネスト回避の背景に存在した人びとの「想い」を明らかにする。

2・4ゼネストの回避はB52撤去をめぐる「島ぐるみ」の運動の困難さを浮き彫りにしたが，このような動きは，運動における結集点が狭められることにつながった。ゼネスト回避以降，もはや，B52撤去といった基地をめぐる結集点づくりは難しくなっていった。しかし，そのことは，「島ぐるみ」の動きそのものが収束したことを意味してはいなかった。まさにB52常駐化

から 2・4 ゼネストの収束にいたる過程と同時期には，沖縄経済の可能性に託し，主体的な経済開発をめざす「島ぐるみ」の動きも顕在化していたのである。上記テーマについては，第 5 章で扱っていくが，本章でも 2・4 ゼネスト回避との関わりで言及する。

I 「島ぐるみ」で広がる B52 撤去運動と 2・4 ゼネストに向けた動き

1 B52 撤去運動の「島ぐるみ」での広がりと県民共闘会議の結成

(1) B52 撤去運動の広がりとその過程

　B52 撤去への動きは，爆発事故の現場となった嘉手納での運動をかわきりに，地域や階層を超えて展開されていくと同時に，既存の組織的な運動にも影響を与えることとなる。第 3 章でみたように，嘉手納では村当局に加え，女性と教職員会による B52 撤去運動が展開されていた。この運動の広がりのなかでは，復帰協や原水協といった運動団体による動きだけでなく，各地の高校生らによる運動や地域からの意思表示（市町村議会などを通して）も広がっていった。

　ここでは，まず，高校生の運動についてみてみよう。事故直後に抗議の意思を示したのは，事故現場の近くに位置し，嘉手納出身の生徒も通っていた読谷高校であった。同高校に美術教諭として赴任していた新垣安雄は，事故当日は授業どころではない状況で，生徒から「生徒集会をさせてくれ」という声が出された，と述べている[2]。その生徒たちの声に応え，あいだを空けず，校庭へ机を出して全校集会を行い，生徒らの意見発表の場を設けることとなった（図 11）。当時，読谷高校に通っていた宮平友介は，嘉手納の出身ということもあり，手をあげて爆発事故の恐怖を語ったという[3]。また，読谷高校の放送部では，事故現場で被害にあった者への聞き取りを自発的に行うなど[4]，爆発事故を自らの問題として捉え，動き出す生徒たちも出ていた。

　このような高校生の動きもあるなか，高教組は，B52 爆発事故直後の 20 日，各学校に対して撤去運動の指示を出していた[5]。教職員の運動に賛同を示す

第4章　B52撤去運動の「島ぐるみ」での広がりと2・4ゼネスト　127

図11　B52爆発事故後の青空集会（読谷高校）

『読谷高校卒業アルバム』（1969年），嘉手納町民俗資料室所蔵・提供

かたちで，読谷高校だけでなく，各地の高校で生徒会主催の抗議集会も取り組まれた。こういった運動の広がりの背景には，同年2月以降，B52常駐化に対する抗議行動において，既に高校生もリボン闘争へ参加していた，という事情があった。那覇市内の首里高校では，教職員の討議で22日からリボン闘争を実施することを決めただけでなく，生徒会からの要望もあり，同日の午後からホームルームの場でB52爆発事故についてのクラス討論と生徒会主催の抗議集会の開催を決めていた。

　また，爆発事故の2日後の21日には，中部工業高校が校内抗議集会を開催し，知念高校では「B52即時撤去に関する意見発表大会」が行われていた。この知念高校の意見発表の場では，B52爆発事故に対する恐怖とともに撤去運動への思いが，「B52が核貯蔵庫の近くで爆発したことを知り，基地の中の沖縄に住む恐怖を身にしみて感じた。こんどのB52事故を大きな教訓に沖縄の軍事基地問題，祖国復帰問題に高校生も，もっと真剣に取り組んでいかなければならないのではないか」という言葉をもって語られていた。[6]

　これらの動きをかわきりに，B52撤去にとどまらず「米軍基地撤去」や「祖国即時復帰」といった要求が多くの高校で決議されたようだが，その背

景には，「一人一人の生命の問題」としてB52爆発事故を捉えていたことが指摘されている[7]。以上のような高校生の取り組みは，ホームルーム，意見発表や抗議集会といった場を通して，B52爆発事故に対する恐怖と認識が共有されたことで，広範なものとして広がっていったと言えるだろう。その後，後述する県民共闘会議の結成も受けて，組織的な運動と高校生との協同も模索されるなど，社会的なインパクトも大きなものであった[8]。

　次に，地域からの意思表示の動きについてみてみよう。事故現場となった嘉手納以外の地域においても，B52撤去運動に呼応する動きが出てくる。真っ先に撤去運動に動いたのは，嘉手納に隣接する北谷村議会であった。北谷村議会では，25日に臨時議会を開き，嘉手納村役場と事故現場を訪問した後，「B52核戦略爆撃機の墜落爆発事故に対する抗議と軍事基地の即時撤去を要求する決議」を採択した。村議会議長の崎浜盛栄は「生命あっての生活であり，このさい全県民的にB52，基地撤去に立ちあがるべきである」と「島ぐるみ」での撤去運動の必要性を語っていた[9]。この崎浜の主張は，嘉手納村長の古謝と同様に，B52だけでなく基地撤去にまで踏み込むものであった。「島ぐるみ」への志向と基地撤去という主張は，上記の決議にも次のように表れ出ていた。

> B52の墜落事件は中部地域住民だけでなく全県民に多大な恐怖と衝撃を与えた。県民の目の前に弾薬倉庫が設置され，B52が原水爆搭載機である事実を思うとき身の毛もよだつ思いがする。もし原爆を積んでいたら全県民が犠牲になったであろう。生命と反戦平和を守るため腹の底から怒りをこめて厳重に抗議するとともにB52といっさいの軍事基地を即時撤去するよう強く要求する[10]。

　この基地撤去という主張は，必ずしも全県的に共有されていったわけではないが，嘉手納基地周辺の地域から提示されたことに注目する必要があるだろう。この北谷村議会の決議をかわきりに，B52の撤去決議は，中部市村議長会などの広域的な団体での採択も含め[11]，幅広い地域から出された。ただ

し，地域的な広がりの一方で，コザ市議会では，撤去決議を出すことで反米的とみられ経済活動に支障が出る，などの理由から反対する議員もいたため，12月末の段階でも撤去決議がまとまらなかった[12]。

　以下で取り上げる運動団体による組織的な動きは，これまで述べてきた嘉手納での運動，高校生の運動や各地での意思表示の広がりなどを背景としながら，「島ぐるみ」に向けた動きをめざしていくことになる。

⑵　県民共闘会議の結成と「生命を守る」という結集点

　B52爆発事故から3日後の23日，復帰協と二つの原水協（社会党系と人民党系の両派）は代表者会議をもち，「県民共闘会議[13]」の結成を確認し，27日に準備会を開き12月上旬に結成大会を行うと発表した。そこでは，沖縄自民党への参加の呼びかけも視野に入れられており「文字通り全県民的な組織にもっていき，島ぐるみ闘争を展開する」ことが方針とされた[14]。

　また，この場では，県民共闘会議の結成理由として，基地あるがゆえの「危機」について述べ，共有できる目標を掲げ，「島ぐるみ」でB52撤去運動を行うことを強調していた。

　　共闘会議は，いろいろな階層の人や，各組織が参加できるよう闘争目標をしぼった。B52墜落爆発事故は，これまでの県民の基地からくる危機感を"感"ではなくて危機そのものであると認識するようになった。こうしたときに，各組織が個別行動をとっていたんでは目的達成は期待できないとして各組織の下部からの強いつき上げもあって，全県民的な運動にするため共闘組織を結成することにした[15]。

　この決定を受け，11月26日には，各団体に呼びかけを行ったが，この際に配布された会則（案）では，多くの組織や団体が参加できるようにと，目的を「B52撤去・原子力潜水艦寄港阻止，核兵器核基地撤去」の三つに絞っていた（後に「総合労働布令の撤廃」も加えられる）。このような呼びかけの性格から，参加を求める対象は「目的に賛同する政党・労働組合・民主団体・

宗教団体・同業団体・経済団体・市町村会・議長会等すべての団体及び学者，文化人，ジャーナリスト，その他巾広い人々」としていた。[16]沖縄自民党も含めて呼びかけを行った背景には，上記のような方針があったが，結果的に，従来の復帰協参加団体（48団体）を大きく超え，139にものぼる団体・組織が県民共闘会議に参加することになった（平良 2012：252-253）。[17]

　その後，12月7日に結成大会を開いたが，本章において重要な点は，その場であげられた決議のなかで，上述した基地あるがゆえの危機が改めて強調され，「生命の危機からの解放」を要求の目的として据えたことである。この主張は，第3章でみた嘉手納でのB52撤去運動と同様のものであった。少し長いが「B52撤去，原潜寄港中止要求決議」において，このことがみてとれる記述を引用してみよう。

　　はげしいアメリカの軍事行動の中で，われわれ沖縄県民が今日まで蒙ってきた生命と財産，生活と権利に対する被害は枚挙にいとまがない程である。／とりわけ，去る11月19日未明嘉手納でおきたB52の墜落，大爆発事故は附近住民に大きな被害を与え県民を戦場さながらの恐怖におとし入れた。／また，那覇港の米原潜による放射能汚染は魚介類や海藻類にまでおよび，世界でも例のない数値に達している。／これらの事実は，このたびの事故現場附近に核貯蔵庫があるといわれていることだけをみても，沖縄全域が一瞬にして全滅する可能性を有し，また放射能の汚染はわれわれの身体を知らぬ間にむしばんでいくことを物語るものであり，沖縄県民の生命が一刻の猶予も許さぬ危機に直面していることを示している。［中略］われわれは，この県民の上におおいかぶさっている戦争の脅威ともはや一刻の猶予も許さぬ生命の危機から解放されるため，心のそこから怒りをこめて，つぎのことを強く要求する。一，B52核戦略爆撃機を即時撤去せよ。一，原子力潜水艦の寄港を即時中止せよ。一，沖縄からいっさいの核兵器を即時撤去せよ。右決議する。1968年12月7日　B52撤去要求県民総決起大会[18]

　この決議では，B52，原潜や核兵器への恐怖が，B52爆発事故の現場である嘉手納といった一部の地域にとどまらず，まさに「県民」の危機であるこ

第 4 章　B52 撤去運動の「島ぐるみ」での広がりと 2·4 ゼネスト　131

とが強調されていた。ここにおいて，「生命を守る」という結集点が，「島ぐるみ」での共闘組織の結成と合わせて，「県民」の集合的な要求として前面に出てきたと言えるだろう。

2　B52 撤去運動と全軍労による「生命を守る」という主張

　このような「生命を守る」という主張は，基地のなかで働く労働者からも強調された。当時，復帰運動の一翼を担っていた基地労働者の組合である全軍労は，基地そのものへの態度を明確にはしていなかった。だが，B52 爆発事故は，基地で働く労働者に対しても不安と恐怖を与え，その危機感のもとで B52 撤去だけでなく基地撤去までもが語られるようになる。

　嘉手納基地内の民間航空会社エア・アメリカ社で働いていた労働者は，爆発時の恐怖を次のように口にしていた。「私は事故が起こる 10 分前までは現場近くの"タイガー機"から貨物を運んできたが二度目の運搬に行こうとした時大爆発が起こりました。はじめは原爆のような火煙が立ったかと思うといきなり爆風に押したおされた[19]」。このような爆発事故への恐怖から辞職を口にする者も出たようだが，それとともに，組合活動へ積極的に参加していなかった労働者のなかからも，基地撤去運動へ「軍雇用員としての立ち場を離れて真剣に取り組むべきだ」との主張が出されていた[20]。このように基地撤去の声さえも浮上してくるなか，全軍労は，B52 撤去に向けて，上部組織であった沖縄県労働組合協議会（以下，県労協）によるゼネスト方針のもとで，取り組みを進めていくことになる。

　とりわけ，嘉手納に住んでいた全軍労の上原委員長の危機感と，B52 撤去への思いは強いものであった。当時をふりかえった証言集によると，上原委員長は，爆発事故直後に県労協の亀甲康吉議長のもとを訪れ「このままでは沖縄県民の命は風前の灯，何としても B52 を撤去させねばならない，という強い決意」（琉球新報社［編］1983：560）のもと次のように求めたという。亀甲議長の証言では，「議長！このままだと沖縄は大変だ。何としてでも B52 を撤去させる必要がある。県労協として最大限の抗議行動を組もうではないか，とこれこそ真剣そのものでまくしたてた。上原さんは，自分の家の

近くでの事故だから，話にも実感がこもっていた」（同上）と，上原の切迫
感にも言及していた。

　その後，全軍労では，県労協や県民共闘会議と歩調を合わせ，B52 撤去運
動の組織化に向けた議論を進めたとされるが（上原 1982：271），その過程で，
「生命を守る」ことへの言及もなされていった。たとえば，全軍労は，県民
共闘会議による総決起大会（12 月）に向けたビラにおいて，「"いのちあって
の生活です"県民のいのち脅かす B-52 を即時撤去させよう」というタイト
ルで，次のように基地労働者へ呼びかけを行っていた。「いま嘉手納村長を
はじめ，各団体が政党政派を乗り越えて，いのちを守る斗いに立ち上ってお
ります。／基地で働く労働者といえどもいのちあっての生活であり，不安の
ない平和な生活をとりもどすため，全県民と共に立ち上りましょう。『いの
ちを守る県民総決起大会』には組合員が積極的に参加するようよびかけるも
のであります」[21]。この全軍労から基地労働者に対して語られた「いのちあっ
ての生活」という見方は，その後，広がりをもって受け入れられ，「全県民」
を志向する「島ぐるみ」の動きの結集点ともなっていった。

3　2・4 ゼネストをめぐる結集点の形成と「島ぐるみ」の志向性

(1)　「生命を守る」ための抗議のあり方としてのゼネスト

　県民共闘会議の展開した運動の特徴の一つは，B52 撤去といった共通目標
を達成するために「ゼネスト」を採用したことにあった（平良 2012：253）。
沖縄における労働組合のナショナルセンター的な役割を担っていた県労協は，
県民共闘会議の結成においても中心的な役割を果たしたが，B52 爆発事故直
後の 22 日に行われた幹事会において，ゼネストという方針を打ち出した[22]。
そこで確認された基本的な認識は，「①これまでのような大衆行動だけでは
日米両政府を反省させることはできない。最大の抗議行動を組織しよう，②
スト権の有無ではなく，生命を守るためのスト行使は労働者が保有する当然
の権利である，③経済要求を結合させるのではなく，B52 撤去に闘いの目標
をしぼる」（沖縄労働運動史・25 年の歩み編集委員会［編］1995：195）という
ものであった。

第 4 章 B52 撤去運動の「島ぐるみ」での広がりと 2・4 ゼネスト 133

　ここから，B52 撤去運動の結集点でもあった「生命を守る」という要求は，ゼネスト決定の根拠であると同時に，「最大の抗議行動」を必要とした課題であったことがわかる。この県労協によるゼネスト方針の提起は，前述した全軍労をはじめとする傘下の各組合のなかでも議論され，組織をあげて取り組む流れができていった。その後，県労協は，12 月 6 日に総決起大会を開き，「B52 撤去を要求する決議」を決定したが，その場で亀甲議長（県民共闘会議議長も兼務）は次のようにゼネスト決行の意義について述べていた。

　　戦いなくして要求はかちとれない。年末闘争に結集した労働者は，経済要求獲得とともに，県民のいのちをおびやかしている B52 の撤去闘争に立ち上がらなければならない。一大ゼネストをうってでもいのちを守る戦いを進めることが，労働者に課された任務である。いのちを守るためのストは，労働者の正当な権利である。[23]

　県民共闘会議の結成によって「島ぐるみ」に向けた運動も広がるなか，同月 18 日に行われた県労協の臨時大会では，正式にゼネストの決行が決められ（同上：197-198），各組合においてゼネスト参加への議論が行われることになった。だが，「生命を守る」ことを結集点としたゼネストは，一方で，その当初から労働運動を逸脱した「政治スト」として捉えられ[24]，同時期に顕在化していた保革対立という政治的な関係のなかに回収される危うさもはらんでいた。このことは，ゼネストへの批判として，日本本土における1970 年安保闘争に向けたイデオロギー的な運動だ，という批判がくり返されたことからもうかがえる。

⑵　ゼネストはどのように捉えられたのか

　ゼネストは，一面で，県労協による組織的な動きから提起されたが，B52 撤去運動の広がりのなかで，どのように受けとめられたのだろうか。2・4 ゼネストに関する証言の多くは運動団体関連のものであるが，ここでは，より広く人びとの認識を把握するため，新聞投稿欄に寄せられた声からそれを浮

かび上がらせてみよう。

　B52爆発事故後，主要二紙の新聞投稿欄には，多くの関連する投稿が寄せられていた。当初，事故直後には，B52爆発事故への怒りや恐怖，イモ・ハダシ論への批判的な見解など，事故そのものに対する意見が多かった。12月に入ると，県民共闘会議の動きや嘉手納でB52撤去運動が展開されるなか，運動の意義やあり方に言及する声も出てくる。11月下旬に開催されていた原爆展をみた高校生は，原爆展の感想を述べた後，B52撤去運動の意味合いについて次のように語っていた。

　　いまの沖縄はどうであろう。あの広島に落ちた原爆の70倍もの力があるという原爆があるというではないか。それが，いつ爆発するかも知れない危険に私たちはさらされている。これは決して言い過ぎではない。事実，あの嘉手納での爆発事故が示しているではないか。それなのに，核付き返還などという政治家がいるというのだからその政治家の顔が見たいものだ。基地があって原爆が爆発しないとだれが保証できるのだ。／沖縄住民のみなさん，みんな「B52撤去，核基地反対」のあの黄色いリボンを自分の胸につけて堂々と自分の生きる権利と，幸福になる権利，自由を求める権利を私たちで勝ち取ろうではないか。それは，政治運動ではぜったいにありません。人間が当然，叫ぶべき大きな，そして大切な人民の叫び声なのです（女性・高校生）[25]。

　ここでは，B52撤去の主張が「政治運動ではぜったいにありません」と強調され，生命に関わる正当な権利として提示されている。この「政治運動ではない」ことの強調の背景には，高校生のなかでもB52撤去運動への参加が広がるなか，生徒の政治参加に対する批判がなされていた，という事情もあった（教職員の政治活動参加への批判と合わせて）。ただ，ここでより重要な点は，「生命を守る」という要求が「政治運動」以前の当然主張されるべき権利として強調されていたことである。これは，第3章でみた古謝の認識とも重なりあうものと言える。

　また，これらの投稿では，「島ぐるみ」を志向する「県民」や「沖縄全体」といった集合的な主体の構築をめざす呼びかけもなされていた。上記の投稿

は，高校生からの「沖縄住民のみなさん」への呼びかけでもあったが，「"県民の総結集を"」という別の投稿では，「沖縄全体の人々」による階層や思想を超えた運動の必要性を強調していた。

　　爆発の時には，戦争かと，車を持っている人は，四方へと逃げたとも聞いている。だがそれもできない人々は，避難の術もなく，恐怖の中でおろおろするばかりであったろう。もう，私たちは理論だけ追究している時期ではない。私たちの生命を保持する，いや，守る本能にて，沖縄全体の人々が，あらゆる階層，あらゆる思想，心情を超越して，自己の生命を守らねばならない（男性・北中城村在住）[26]。

　県民共闘会議や県労協による「生命を守る」という主張と，ゼネストという抗議手法は，上述のような人びとの認識に支えられていたと言える。しかし，一方で，ゼネストの決行が具体化し，12月中旬に経営者側から「通常の組合活動から逸脱した政治目的のためのストライキ（政治スト）は違法」という批判も出されるなか，次第に，ゼネストそのものへの賛否に関心が集中していくことになる。新聞投稿の多くは，「生命を守る」ことへの賛意を示し，ゼネストを好意的に捉えるものであったが，なかには，経営者側の態度に対するより先鋭的な批判もみられた。たとえば，「なさけない経営協の態度」という投稿では，「生命を守る」ことより経済活動を重視する態度を強い口調で批判していた。そこでの主張は，「沖縄経済の繁栄，住民生活の向上，企業の振興はなるほど結構。だが，『いのち』がなければどうする。文字どおり『いのちあっての物ダネ』なのだ。経営者といえども，いのちは惜しかろう。そうであれば，B52撤去，原潜寄港阻止のゼネストを"政治スト"呼ばわりできないはずである」（男性・那覇市在住・30代・会社員）[27]というものであった。
　このような批判に対しては，「生命を守る」ことを認めつつもゼネストによる混乱や経済的損失を嘆くもの[28]や，ゼネストは革新勢力側の政治的な意図によるものである，という正面からの反論もあった。後者のなかでも「ゼ

ネストは労使の立ち場で」という投稿では，ゼネストという抗議手法につい
て「彼らの真の目的を推察すると，B52 撤去や原潜阻止ではなく，70 年安
保態勢の組織固めであるとしか理解できない」（男性・那覇市在住・40 代）[29] と
していた。

　以上の読者投稿からもわかるように，一面では，「生命を守る」という主
張への賛意が広がり，ゼネスト決行への準備が進むなか，もう一方では，経
済活動の混乱への危惧や，ゼネストを「政治スト」として批判する者が出て
きていた。「島ぐるみ」への志向と，それを突き崩すような認識を共にはら
みながら，1969 年 1 月のゼネスト日程の決定以降，最終局面へといたるの
である。

(3) 2・4 ゼネスト決行をめぐる最終局面と全軍労の動向

　年が明けた 1969 年 1 月 6 日，県民共闘会議は，幹事会においてゼネスト
を B52 の常駐化から一周年となる 2 月 4 日に設定し，10 万人規模での嘉手
納基地包囲の決行も決定した。ゼネストに向けて，多くの組合組織が態勢を
整えるなか，注目されたのは，基地労働者を組織していた全軍労の動向であ
った。基地労働者のゼネストへの参加は，沖縄の基地機能を止めるだけの影
響力をもっており，ゼネストの成否の要でもあったと言える。既に，県民共
闘会議や県労協によるゼネストの提起のなか，B52 撤去運動について討議を
進めていた全軍労は，1 月 12 日に臨時大会を開催し，ゼネストへの参加を
決めた。出席していた代議員 236 人のうち，222 人が賛成，反対が 13 人，
白票 1 人という圧倒的な数での決定であった（全駐労沖縄地区本部［編］
1999：168）。

　この決定の背景には，臨時大会の前日に出された「総合労働布令」（高等
弁務官布令第 63 号）に対する反発も存在していた。この布令では，賃金や労
働条件への改善を一方で提示しながらも，「①争議行為禁止の強化拡大②軍
施設内における一切のピケ禁止の強化③組合活動等に対する罰則の強化④重
要産業指定の拡大」（上原 1982：273）といった組合活動の制限を目的として
おり，2・4 ゼネストへの全軍労の参加をけん制するものであった。全軍労は，

第 4 章　B52 撤去運動の「島ぐるみ」での広がりと 2・4 ゼネスト　137

この露骨な運動への介入に対して，上述した臨時大会において，2・4 ゼネストへの参加を決め，同布令の無効決議を出して撤廃運動にも乗り出すことになる。

　この大会の宣言では，「生命を守る」という結集点が再度確認されると同時に，「県民と共に総決起」する必要性が次のように謳われていた。

　　　［一部略］今や沖縄は県民の生命と財産の保障さえ不可能になり危機に直面
　　　している。／……この B52 撤去闘争は，直接軍事基地に働く軍労働者にとっ
　　　て厳しくかつきわめて困難を伴うたたかいであるが，基地労働者といえども
　　　「生命あっての生活」であり，人間としてのぎりぎりの要求を実現するために
　　　今こそ県民と共に総決起しなければならない。／したがってわれわれは，軍
　　　権力のいかなる弾圧をもはね返し，「B52 即時撤去，原潜寄港阻止，一切の核
　　　兵器撤去」をあくまで要求し，県民共闘，県労協に結集された仲間と共に，
　　　断固たたかい抜くことを明らかにするものである（全駐労沖縄地区本部［編］
　　　1999：169）。

　全軍労のゼネスト参加の決定後，県民共闘会議の代表 4 名は，1 月 26 日から，B52 撤去のための日本政府との折衝に入った。しかし，28 日の床次徳二総務長官や愛知揆一外相との会談においても，B52 撤去に関する明確な返答は得られず，県民共闘会議議長の亀甲は，東京からゼネスト準備指令を出すこととなった。この折衝に先だって，1 月 7 日から 10 日まで，新主席に就任した屋良も日本政府との折衝を行っていたが，同様に，B52 撤去の確証は得られないままであった。

　2・4 ゼネストは，I でみてきたように，地域・階層を超えた B52 撤去運動や「生命を守る」という結集点への賛同の広がりと，県民共闘会議にみられる組織横断的な運動の展開のなかで，まさに決行の直前にまでいたるのである。しかし，この決行を目前にして，2 月 1 日に突如ゼネスト回避が決定された。ゼネストに向けた「島ぐるみ」の動きが頂点に達したかにみえたその時，そこには，同時に，ゼネスト回避を志向するいくつかの動きが存在していたのである。

Ⅱでは，経済界と地域におけるゼネスト回避への動きに着目し，その分断
点についてみていく。

Ⅱ　2・4ゼネスト決行と回避をめぐる動き

　従来，2・4ゼネスト回避の背景は，準備指令後の屋良主席や県民共闘会議
内部の動きを中心として説明されてきた。Ⅰで述べたゼネスト決行の最終局
面において，県労協は，屋良主席からのゼネスト回避の要望や全軍労の組織
的な離脱などを理由として，ゼネスト回避を決断したとされる（平良2012：
255-258）。たしかに，ゼネストは，県民共闘会議や県労協などを中心として
組織的に取り組まれたことから，直接的な回避の説明としては従来の視点か
らでも妥当であると言える。だが，一方で，本書でみてきたように，B52撤
去運動の広がりが，より幅広く，多様な側面をもっていたことを考えると，
ゼネスト回避を支えていた対立点や地域の動きにも着目する必要があるだろ
う。

　そのため，Ⅱでは，「政治ストは違法だ」という批判とともに経済的損失
を強調した経済界によるゼネスト批判と，B52撤去運動の発端となった嘉手
納でのゼネスト回避の動きについて検討する。

1　経済界における2・4ゼネストへの態度と回避の動き

(1)　経済界で展開される2・4ゼネスト回避の主張とその論理

　ゼネストという抗議のあり方に対して，早い段階から一貫して批判的な態
度をとっていたのは，沖縄経営者協会（以下，沖経協）であった（沖縄経営者
協会［編］1969：74-76）。この経済団体は，1958年7月に結成され，経済団
体としては後発組であったが「労使関係の健全な発達のための経営者の団
結」を目的として設立され，労働争議において中心的な役割を果たしてい
た。県民共闘会議の動きを受け，既に，沖経協は，12月中旬の段階において，
事務局案として「政治ストに対する態度」をまとめ，ゼネストの違法性につ
いて強調していた。『時報』に掲載された同案（要旨）では，ゼネストが本

来の組合活動から逸脱する「政治闘争」ないし「イデオロギー闘争」であり，政治問題を根拠にしたストライキは認められない，と以下のように強く主張していた。

　　最近の労働組合の中には組合活動の本来の目的である労働条件の改善や経済
　　闘争から逸脱して政治闘争の傾向にあり，とくにB52撤去や原潜問題など，
　　基地撤去へと政治化し，イデオロギー闘争を展開している。／このような政
　　治問題を理由としてのストライキはいわゆる政治ストであって，本来の労働
　　法上の保護を受けるものでないことは勿論である。[中略] このような風潮の
　　拡大は企業内における良好な労働関係を破壊するのみでなく，今後の政治経
　　済の安定にとっても憂慮すべきことである。したがって県労協のゼネスト計
　　画を放任することなく，毅然たる態度をもってこの計画に対し徹底的に粉さ
　　いしていかなければならない。[32]

　この沖経協の基本的な態度からは，「生命を守る」ことを目的とし，政治以前の問題としてゼネストを計画した県民共闘会議や県労協に対し，ゼネストの「政治スト」ないし「政治闘争」としての側面を強調することで，政治的な対立関係へと落とし込むような認識が存在していた（「徹底的に粉さい」という強硬的な態度にもそれが表れている）。

　既に，日本本土においては，1960年代半ば以降に限っても，日韓基本条約反対（1965年）やベトナム反戦運動において労働者の「政治スト」[33]が問題として浮上しており（佐藤1971：4），1970年の日米安全保障条約の扱い（延長か廃棄か）をめぐる対立も顕在化していた。沖経協の上記の表明に対して，県労協側は，強く反発し「不買運動も辞さず」という態度をとりながらも，同時に「生活，教育，産業活動もいのちがあってはじめて可能でありいのちを守る運動は労使関係を乗り越えて沖縄県民全体の運動である」とし，改めて沖経協に協力を呼びかけるとしていた。[34]

　その後，沖経協は，12月23日の理事会において，「ゼネストは違法」という方針を正式に決定し，ゼネスト回避への態勢固めを図るよう加盟150社に対して呼びかけを行った。ここで重要なことは，上述した「政治スト」の

違法性への言及とともに，ゼネストによる経済的な損失の大きさを強調していた点である。理事会の終了後，新里次男専務理事は，記者会見において「ゼネストは，企業が正常に運営されないので，経済損失は大きい。一日ざっと170万ドルになる。第三次産業は60パーセント以上がゼネストに参加するものとおもう。われわれは，損失を受けた損害賠償を組合に請求する」としていた。また，この記者会見で新里は，県労協の主張に対して，不買運動はそれ自体が生活を破壊するものであり，ゼネスト決行によって生活をおびやかすような事態が出ては本末転倒であると批判していた。その後，翌年の1月下旬には，より詳細な経済的損失について，265万ドルにものぼると試算し，公表した。

　このようなゼネスト回避への強硬的な態度に対しては，Iで触れたように，沖経協の態度を「生命を守る」という視点から批判する声もあり，なかには「ストアレルギー」や「経営者のエゴイズム」として嫌悪感をあらわにする者もみられた。

　1969年に入ってゼネストが具体化していくなか，沖経協は，機関紙『経営』（月刊誌）の1月号に「労働組合と政治スト　何故ゼネストを阻止しなければならぬか」を掲載し，改めてゼネストの違法性と阻止の意見を明確にした（沖縄県商工労働部［編］2001：456-458）。しかしながら，沖経協による先鋭的なゼネスト批判の一方で，経済界全体の足並みは必ずしもそろってはいなかった。既に，前年末の12月25日には，沖経協，商工会議所および琉球工業連合会（以下，工連）の三者で「ゼネスト対策会議」を結成し，数度の会議を開催していたが，統一的な方針は決まらないままであった。

　結局，商工会議所と工連は，1月28日に琉球政府などに対して，ゼネスト回避へ努力するよう独自に要請を行い，また，沖経協は，ゼネスト直前の同月31日に県民共闘会議との話し合いを持つにいたった。この最終局面における協議でも結論は出なかったが，そこでのやりとりは，両者の対立点を象徴的に表していた。この席上で，県民共闘会議の仲吉良新副議長は，経営者側と対立する意図はないことと，「生命を守る」ために全県民的な立場に立って欲しいとし，以下のように協力を呼びかけていた。

第4章　B52撤去運動の「島ぐるみ」での広がりと2・4ゼネスト　　141

　　われわれは，これまで何度も B52 撤去を叫び，世論を喚起してきたが，本土
　　政府は施政権がないという理由で外交交渉にも乗せなかった。本土政府の立
　　場は沖縄住民を犠牲にし，差別するものである。[中略]われわれは当面，
　　B52 撤去を実現させるために伝家の宝刀を抜かなければならない。決して，
　　経営者と対立するという立ち場にはないので経営者も全県民的立ち場で生命
　　の危険を認識して協力してほしい。[(41)]

　この県民共闘会議の主張に対して，沖経協の船越尚友会長は，ゼネストの
違法性についての考え方を説明した上で，ゼネスト決行の必然性はなく，ま
た，効果も不明確だとして次のように述べていた。

　　経営者としても県民の中に不安，動揺があることは認め，問題解決に取り組
　　みたい。しかし，ただ一，二回の折衝でスト行使するのは早計である。現に，
　　折衝は効果があり，進展している（タイ移駐説）。また，ゼネストをやったか
　　らといって解決される保障はない。復帰への悪影響も考えられ，法秩序の乱
　　れは主席自身が違法行為の責任を負わなければならなくなるなどいろいろ問
　　題もあるのでストだけはなんとしても回避してほしい。[(42)]

　当時の証言によると，上記のように協議が平行線をたどるなか，船越会長
は，「労働者のスト権以前の問題であり，経営者にとっても命あっての経営
であって，県民の命が危機にさらされている中で，ゼネスト反対というのは
おかしい」という県民共闘会議側の説得に対して，「よしわかった。仕方が
ない，台風が一日来たと思えばいい」と一定の理解を示したという（琉球新
報社［編］1983：587）。しかし，沖経協内部には，ゼネスト阻止に向けて強
硬的な態度をとる者もあり，この最終局面においても双方の意見は対立した
ままであった。

(2) 2・4ゼネストの分断点と経済界の論理

この協議の後，県労協の判断からゼネストは回避されたが，上での検討からは，経済界のゼネストへの態度と県民共闘会議との対立ないしは認識の相違が明らかになった。ここでは，最後に，経済界の動きと関連し，「島ぐるみ」に向けた動きの分断点として，三つの点を指摘しておく。

それは，第一に，B52爆発事故以降の生命の危機という状況をどう捉えるのか，という点である。一方の沖経協が，2・4ゼネストを「政治スト」として「合法性／違法性」という枠内で捉えて批判したのに対して，県民共闘会議の「生命を守る」という主張は，スト権（合法性）以前の領域として主張されていた。当時，県民共闘会議の主張は，抵抗権の行使としても議論されていたが，ゼネスト決行をめぐって社会秩序の正当性のあり方が問われたのである。

第二の点は，経済界がゼネスト阻止の根拠の一つとして「経済的損失」を挙げたことである。沖経協はゼネストによる経済的損失を強調していたが，このことは，B52撤去よりも，身近な経済活動を優先するという認識に依拠していた。次に検討する嘉手納におけるゼネスト回避の根拠も，これと酷似したものであった。

最後に挙げられるのは，最終局面での沖経協と県民共闘会議との協議で船越会長が述べたように，「ゼネストをやったからといって解決される保障はない」というゼネストの効果の不確実性を強調する論理である。この時期のB52移駐に関する日米折衝の結果や政府関係者の見方も，ゼネストの帰結と同様に「希望的観測」の域を出ず，確証をえないものであった。にもかかわらず，ここでは，一方のゼネストの非現実性を強調していた。この背景には，11月の主席公選選挙においていわゆる革新勢力側の候補であった屋良が当選し，政治的局面での保守と革新との対立が先鋭化したことによる認識の変化もあったと考えられる。

2 嘉手納における 2・4 ゼネスト回避の動きとその論理

⑴ 嘉手納における B52 撤去運動と 2・4 ゼネスト反対陳情書の提出

第3章のⅢでは，B52 爆発事故後の嘉手納における女性や教職員会を中心とした撤去運動の広がりをみた。そこでは，教職員会によるストライキに対しても，村長や村当局が協力的な姿勢を示すまでに「村ぐるみ」での運動が浸透していた。しかしながら，B52 撤去運動が，「島ぐるみ」の動きへと波及し，嘉手納でのデモや集会も頻繁に行われるなかで，身近な生活（経済活動）への不安が再び顕在化してくることになる。

2・4 ゼネスト決行に向けた準備が進むなか，1月24日の午後，嘉手納の米兵向け貸住宅組合，新町通り会およびむつみ通り会の3団体は，200人の署名とともにゼネストに反対する陳情書を村当局，村議会および村教育委員会に提出した。署名には，同月12日に新たに選出された村議会議員の名前もあったことから，村議会での扱いに注目が集まった。そこで提出された「嘉手納村内でのゼネスト行動に対する反対陳情」（要旨）では，B52 撤去自体には賛意を示しながらも，嘉手納でのゼネストの決行が生活を破壊することを懸念し，以下のようにゼネストへの反対を表明していた。

> われわれ村民は B52 撤去問題には高度な政治問題として琉球政府，本土政府，米政府，高等弁務官など関係当局に抗議することに賛成する。しかし，このような政治デモがたび重ねて嘉手納村で催され，10 万余人のデモ隊が嘉手納に押しかけると生活は破壊され経済混乱する。われわれは経済を考えず，生活を無視した政治的なデモに反対し，場所を提供することも断じて許さない。[43]

このような動きの背景には，B52 撤去運動が広がりをみせるなか，嘉手納でのデモや集会によって米兵が貸住宅，歓楽街（バーなど）や商店街に足を運ばなくなっている，という不満の声が存在していた。同陳情書を起案した貸住宅組合の主任は「われわれも生活を守らなければならない。B52 撤去運動が高まるにつれ基地内で嘉手納村全体が反米的と思われては困る。住宅を

借りに来た米兵がB52撤去のポスターを見て借りずに帰った人もいる」[44]として，B52撤去運動が経済活動をおびやかしていることを強調しながら，陳情書の提出理由について語っていた。

その語りのなかでは，「核兵器に反対しないのはいない」と基地にある核兵器への恐怖を認めながらも「しかし，現実の生活も無視できない」としてゼネスト反対を肯定していた。ここからは，目の前の現実においては，基地あるがゆえに生活が成り立つということと，基地あるがゆえに生活と生存（生命）がおびやかされることが不可分でありながらも，狭い意味での生活（経済活動）をより重視する引き裂かれた認識をみてとれる。このゼネスト反対陳情は，1月28日に開かれた村議会において扱われ，賛成派と反対派が鋭く対立するなかで採択されることになる。以下では，その経過を追いながらゼネスト反対の陳情において，どのような認識が示されたのかをみていこう。

⑵　ゼネスト反対の陳情書採択とその背景

1月28日午前に開催された嘉手納村の臨時議会では，ゼネスト反対陳情が提出されていたこともあり，審議の前から緊迫状態にあった。村議会の議場には，陳情書の内容を支持する傍聴人と，ゼネスト賛成派の傍聴人を合わせ150人近くが参加し，審議の行方を見守っていた[45]。革新系の野党側は，決議を阻止するために強い態度で臨んでおり，冒頭の議長選出から引き延ばしを図ったため，ゼネスト反対陳情は午後の審議に回されることとなった[46]。

午後に入り陳情書の審議に移ったが，冒頭から，陳情を行った団体の責任者を参考人として呼ぶか否かで与野党が対立した。野党の當山哲男（沖縄社会党）は，「提案されました陳情は極めて重要であります。この及ぼす影響も全県的なもので非常に重要な議案でありますので慎重に審議しなければならないと考えております。それで陳情なされた各団体の責任者の方々参考人として出頭を要請いたします」[47]と述べた。

これに対して，与党議員らは，陳情書の内容はB52撤去そのものを否定しているのではなく，また，そこに趣旨は明記されているため，参考人を呼

第4章　B52撤去運動の「島ぐるみ」での広がりと2・4ゼネスト　　145

ぶ必要はないと反論した。この応酬のなか，當山議員は，ゼネストの意義と
関連づけ，陳情書提出の問題点と参考人を呼ぶ必要性について，次のように
さらに反論した。

　　今B52の恐怖，原潜の恐怖あらゆる核兵器によるところの県民の生存のいわ
　　ゆる危機が迫っている。こういう中でですね，別に政治的な意図もなにもあ
　　りませんし県民が自からの生存権をかちとると，生命を守るというぎりぎり
　　のそれこそ文字どおりの生命を守るための運動として発展してきておる。こ
　　の問題についてですね，こういうような陳情を出すということに対して一寸
　　社会の通念としては考えられない事態なんですよ。そういう陳情をする以上
　　ですね議会に対しても説得力はある筈だしそれなりの理由があると思うんで
　　すよ。それを参考人としてこっちに出席して貰って堂々とそれは陳情の趣旨
　　を述べるべきである。それが出来ないならばですよ，これは政治的な謀略と
　　しか言えませんので即刻撤回して貰い度いと思います。⁽⁴⁸⁾

　この発言からは，前節でも検討した通り，ゼネストが生存（生命）の「危
機」を前にした「生命を守るための運動」であるとされ，その運動の展開を
前にして反対陳情を行うからにはそれなりの根拠を示すべきだ，という思い
がにじみ出ている（その後，参考人の招致は認められた）。
　また，この議論の後，當山は，古謝村長に対して「B52撤去のため嘉手納
村民がゼネストの先頭に立って戦うべきであるが，このような陳情が出され
ているのは残念である。その前に村長としてゼネストをどう考えているか聞
きたい」とゼネストへの態度について質問した。これに対して，古謝村長は，
「B52撤去にたいしてはこれまで何度となく集会に出て即時撤去すべきであ
ると訴えてきたし，いまでも変わりはない。しかし，ゼネストにたいしては
村の行政責任者として推奨もできなければ反対もできない。態度はまだ決ま
っていない」⁽⁴⁹⁾と応じた。
　その後，陳情を提出した3団体の参考人に対し，陳情書の内容についての
質問がなされた。貸住宅組合からの参考人は，「B52撤去には反対ではない。
ただ狭い嘉手納村で10万人余も集まってストを決行すると混乱が起き生活

が破壊されるので村内ではやってほしくない。このような政治ストには賛成できない」と述べた。

　参考人への質疑を受け，与野党それぞれの立場から質疑が行われた。与党の自民党議員からは，ゼネストそのものに反対だとし，「当村において測りしれない混乱がおきることは予想されることであります。吾々は基地からの公害またこのようなゼネストによる被害を何故われわれ村民だけが受けなければいかんのか」や，1970 年安保闘争と関連づけ「ゼネスト自体が 70 年の安保斗争に向けてのこれが政治的斗争が多くに孕んで（聴取困難）どうしても私達は見逃してはならない」などの理由から陳情への賛意が示された。

　これに対して，野党議員らは，ゼネストによる混乱は県民共闘会議などの主催団体との協力で回避できると主張したが，与野党の議論は平行線をたどり，なかには，ゼネストによる混乱のみを重視する陳情書に対して「政治的な欺瞞性，謀略性」を以下のように批判する者もいた。ある野党議員は「村民の生活を脅やかしている一連の基地被害には意図的に目をおいながらゼネストによるところの仮定的な被害に目を向けようとするそこに政治的な欺瞞性，謀略性（聴取困難）まことに遺憾でなりません」と主張していた。

　この日，午前 10 時に開会していた議会は，上述のように対立が増すなか，歩み寄りはみられず，五度の時間延長のすえ午後 6 時半に陳情書の採決を行った。村議会議員の 20 人（全員出席）のうち，賛成が 10 人，反対が 7 人（棄権 3 人）という結果となり，ゼネスト反対陳情は採択された。野党側は，賛成が出席者の過半数に達していないと無効を主張したが，議長が閉会を宣言したことで，傍聴人が議場になだれ込み一時騒然となった。

　このような採択の背景には，基地関連業者による生活への不安の声があったのと合わせて（後述する），1 月 12 日に行われた村議会議員選挙による議会での力関係の変化も存在していた。それまで，与野党が 20 議席のうち 10 議席ずつを占め，力関係は拮抗していたが，この選挙において，与党自民党系が 12 議席と議席を増やし，逆に野党革新系が 8 議席に後退したのである。ただし，このゼネスト反対陳情の採択は，B52 撤去そのものに対する否定ではありえず（審議のなかでも強調されていた），自民系と目された無所属を含

第 4 章　B52 撤去運動の「島ぐるみ」での広がりと 2・4 ゼネスト　　147

めて 3 人の棄権者が出たことからも，それをうかがい知ることができる。

　この陳情書の決議に対しては，B52 撤去運動の発端となった嘉手納からの
ものであったため，一部では，前年の村長選挙の際と同様に落胆や嘉手納村
民への嫌悪感も表明され，また，ゼネスト決行への影響も危惧されることと
なった。ただし，嘉手納村内においても，基地被害の集中している屋良地
区（第 1 章の図 3）では，村議会への不満や不信感も抱かれ，なかには「米
軍はこれまで何度も事故を起こし，わたしたちを苦しめてきているが，なん
とも感じなく，反省もしていない。これまで村民大会や婦人大会などに出て
デモもしてきたが，もうゼネストしか方法はない。商売人はゼネストに反対
しているようだが，いつ水釜に飛行機が落ちるかも知れない」と語る者も出
ていた。この憤りにおいて触れられている「水釜」という地区は，米兵向
けの貸住宅が多く建てられていた場所であった。

　以上のことからもわかるように，まさに，ゼネスト決行をめぐって，地域
が二分される状況になったと言えるだろう。

⑶　反対陳情にみる 2・4 ゼネスト回避の論理と生活重視という「想い」

　以上の経過を踏まえたうえで，最後に，嘉手納から打ち出された 2・4 ゼネ
スト回避の意味合いについて考えてみたい。ゼネスト反対を主張した者たち
も，表面的には B52 撤去という目的自体は共有していたため，ここでの焦
点は，ゼネストという抗議のあり方と，それが「生活をおびやかすかもしれ
ない」という不安にあったと言える。既に明らかにしてきたように，嘉手納
の人びとの直面していた現実とは，基地があることで生活（経済活動）が成
り立つということと，基地があることで生活と生存（生命）がおびやかされ
るという，不可分な二つの現状に根ざしたものであった。それゆえ，本来，
ここでの生活重視の主張は，単純な「基地反対か経済か」というイモ・ハダ
シ論的な二者択一の次元では捉えきれないはずであった。

　しかしながら，そのような「割り切れなさ」を含み込んだゼネスト反対と
いう陳情も，村議会における政治過程や，嘉手納という地域を超えた政治情
勢を媒介にして，B52 や基地そのものを容認する論理として受けとめられた

（前年の村長選挙の結果と同様に）。また，同時に，陳情書に賛意を示した人びとが，沖経協と同じようにゼネストの「政治スト」としての側面を強調した点も考慮する必要がある。すなわち，「生命を守る」という，政治以前の次元においてめざされた「島ぐるみ」の動きが，保守と革新との政治対立のなかで解釈されたとも言えるだろう。陳情書の採択後，ゼネスト回避が伝えられるなか，新聞を通して報じられた教職員の不満な顔と，混乱を回避できた安堵から「涙ぐむ古謝村長」の姿は，まさに B52 撤去への思いと生活との間で，引き裂かれた嘉手納を象徴するものであった。[58]

まとめと小括

　本章では，B52 撤去運動が「島ぐるみ」の動きとなり，2・4 ゼネストがめざされていった過程と，その動きを突き崩そうとしたゼネスト回避の論理について，経済界と地域に着目し明らかにした。

　ここでは，第 5 章との関連も含め，ゼネスト回避の意味合いと，その後の「島ぐるみ」をめぐる動きをどう捉えるのか，という二つの論点について考察する。

　前者の論点は，一連の B52 撤去運動において表出した「島ぐるみ」の志向性を，ゼネスト回避という地点からどのように捉える必要があるのか，と言い換えることもできる。第 3 章および本章を通して検討したように，B52 爆発事故後，ゼネストにいたる過程で頂点へと達した B52 撤去運動は，当初，「生命を守る」という「政治以前」の一致点を軸として取り組まれた。この B52 撤去を「政治以前」の要求と捉える認識は，事故直後の古謝村長の言葉にも象徴的なかたちで示されていた。

　このように人びとを結集させた争点は，県民共闘会議の結成やゼネストという抗議のあり方がとられるなかで，広範なかたちで共有されていったと言える。しかし，「全県民的な運動」としてゼネストが希求される一方で，主席公選選挙での屋良候補の当選後，保革対立が先鋭化したことともあいまって，この抗議のあり方は，経済的な安定や経済活動を重視する立場から，

第 4 章　B52 撤去運動の「島ぐるみ」での広がりと 2・4 ゼネスト　149

「70 年安保闘争に向けた政治スト」「経済的損失をもたらすもの」や「地域
の生活を破壊するもの」として否定的に捉えられることとなる。一連の B52
撤去運動は「生命を守る」という「政治以前」の領域を見いだし一致点とす
ることで，2・4 ゼネストという選択肢をつくり出したと言えるが，まさにそ
の選択肢のもとでの運動は，保革対立や経済的な利害の対立を背景として，
分断にさらされたのである。このような考察を踏まえると，2・4 ゼネスト回
避とは，運動団体内部の問題にとどまらず，経済界や地域の動きも背景とし
ながら，B52 撤去運動の過程でつくり出された選択肢の剥奪をも意味してい
た。

　もう一つの論点は，次章への展開とも関連しており，2・4 ゼネスト回避の
位置づけとその後の「島ぐるみ」をめざそうとする動きをどう捉えるのか，
という点に関わっている。既に述べたように，2・4 ゼネスト回避の帰結とし
て，「生命を守る」という誰にも否定できないとされた運動の一致点が，政
治的および経済的な対立のもとで，限定的に解釈される状況が顕在化した。
いわば，ゼネスト回避によって，B52 撤去や基地にかかわる争点は，分断に
さらされ，もはや「島ぐるみ」を志向するような幅広い結集点とはなりえず，
また，1969 年 11 月に行われた日米会談において「核抜き・本土並み・1972
年返還」が決まったことで，復帰のあり方をめぐる一致点の模索も困難とな
っていった。

　だが，まさに「生命を守る」という一致点の形成が難しくなったその時点
において，「可能性の残された領域」である経済開発に「豊かさ」や自主性
の発揮を求める動きが浮上することになる。このことは，経済界や嘉手納で
の「経済的損失」や「生活の破壊」という狭い意味での生活（経済活動）を
優先したゼネスト回避の論理が，B52 撤去運動においては分断点でありなが
らも，同時に，ゼネスト回避後においては「島ぐるみ」の結集点として顕在
化したことを示していた。いわば，ゼネスト回避をめぐる動きは，B52 撤去
運動における「生命を守る」という一致点から，経済開発をめぐる結集点へ
の転換を予示していたとも言える。

　第 4 章で扱ったゼネストをめぐる過程（ないし帰結）と，そこでの分断の

ありようを捉えることで，次章では，1969 年以降に争点として浮上した経済開発をめぐる県益擁護運動の沖縄戦後史における位置づけについても明確にできるだろう。

[註]

(1) 主な研究としては，新崎（1976），新崎・中野好夫（1976），我部（1975），平良（2012），成田（2014b）および宮里（2000）などがある。最近の研究で指摘されているように，従来の研究は，革新勢力の動向に焦点を当てており，資料的な制約も大きいものであった（成田 2014b：149）。それらの研究を受け，成田は，USCAR と保守勢力の動向に着目し，総合労働布令の公布とゼネスト回避の関わりについて，一次資料（USCAR 文書など）を用いることで詳細に明らかにしている。ただし，この成田の研究は，本書で扱う事象と重なっている箇所もあるが，ここでの目的とは異なる「保守勢力の動向を把握する」という視点から資料の分析を行っている。そのため，本研究において参考とする場合には，基本的に，原資料にあたることとした。

(2) 新垣安雄へのインタビュー（2016 年 6 月 10 日）。

(3) 宮平友介へのインタビュー（2016 年 6 月 1 日）。宮平友介は，当時の卒業アルバムに載っていた全校集会の写真をみせながら語ってくれた。その写真には，校庭に机を出し，壇上からの発表を真剣に聞く生徒たちの様子が収められている（図 11）。

(4) 新垣へのインタビュー（2016 年 6 月 10 日）。当時の聞き取りテープは，読谷高校の卒業生から南風原町立南風原文化センターに寄贈されたことがわかっている（現時点では非公開）。この事実関係の確認には，同センターの学芸員平良次子に協力いただいた。

(5) 『琉新』1968 年 11 月 22 日。また，県民共闘会議の結成の動きを受けて，高教組は，11 月 25 日に「生徒，父母，県民のみなさんへのアピール」を出して，B52 即時撤去をはじめとした行動への参加を呼びかけていた（沖縄県高等学校教職員組合［編］（出版年不明）：101）。

(6) 21 日から 22 日にかけての高校生の動きや意見発表での声は，『琉新』1968 年 11 月 22 日をもとにまとめた。

(7) 『沖タ』1968 年 11 月 30 日。

(8) 同上。

(9) 『沖タ』1968 年 11 月 25 日夕刊。

(10) 同上。

(11) 『沖タ』1968 年 11 月 26 日および『琉新』1968 年 11 月 26 日。

第 4 章　B52 撤去運動の「島ぐるみ」での広がりと 2・4 ゼネスト　　151

⑿　『琉新』1968 年 12 月 28 日。

⒀　この「県民共闘会議」の正式名称は「B52 撤去・原潜寄港阻止県民共闘会議」であり，通称を「生命を守る県民共闘」としていた。本文中では，「県民共闘会議」で統一した。県民共闘会議の中心メンバーとして，議長には県労協議長であった亀甲が，事務局長には復帰協事務局長の仲宗根悟が選出された。

⒁　『沖タ』1968 年 11 月 24 日。

⒂　同上。

⒃　沖縄県祖国復帰協議会文書「B52 撤去・原潜寄港阻止県民共闘会議資料」沖縄県立公文書館所蔵（R10000561B）。

⒄　平良（2012）によると，県民共闘会議の超党派的もしくは組織横断的な性格について「革新勢力だけでなく，沖縄キリスト教団，創価学会などの宗教団体，沖縄医師会，沖縄中小企業連合会，琉球林業協会などの業界団体，そして沖縄市町村長会や沖縄市町村議会議長会など，実に多岐にわたる諸団体がこれに参加した」ことが指摘されている（平良 2012：253）。

⒅　沖縄県祖国復帰協議会文書「B52 即時撤去原潜寄港中止に関する要請　戦争の不安と核の脅威から沖縄県民を解放せよ」沖縄県公文書館所蔵（R10000150B）。

⒆　「基地撤去へ盛りあがる　大衆運動を幅広く　基地労働者本格的に取り組む」（『時報』1968 年 11 月 21 日）。このような変化が，『時報』紙上において取り上げられたことからも事態の切迫感がうかがい知れる。

⒇　同上。

㉑　全沖縄軍労働組合「"いのちあっての生活です"県民のいのち脅かす B-52 を即時撤去させよう（1968 年 12 月）」（全駐労沖縄地区本部運動史編集委員会［編］1996：80）。

㉒　『琉新』1968 年 11 月 23 日。

㉓　『琉新』1968 年 12 月 7 日。

㉔　保守系の論壇だけでなく，主要メディアにおいても当初から「政治スト」として捉えられていた。「B52 撤去でゼネスト　県労協，来月中旬に初の政治スト態勢　きょう方針煮詰める」（『琉新』1968 年 11 月 23 日）などを参照のこと。

㉕　「原爆展と B52 爆発事故」（『琉新』1968 年 12 月 13 日）。

㉖　『沖タ』1968 年 12 月 14 日。

㉗　『琉新』1968 年 12 月 25 日。

㉘　「ゼネストは賢明か」（男性・石垣市在住，『沖タ』1969 年 1 月 11 日）。

㉙　『琉新』1968 年 12 月 30 日。ここでは，本論で触れた「なさけない経営協の態度」という投稿に対する反論を展開している。

㉚　『沖タ』1969 年 1 月 29 日など。

㉛　沖経協の設立の背景には，沖縄においても労働争議が増加するなか，日本経

営者団体連盟の桜田武が来沖した際に，同組織の目的と存在意義を説いたことがあった。これら設立過程や背景については，沖縄経営者協会［編］(1969) を参照のこと。

(32) 『時報』1968 年 12 月 17 日。

(33) このような状況を受け，日本本土においては，「政治スト」の妥当性や法的根拠についての法律論をめぐる議論もなされていた（佐藤 1971：5）。

(34) 『琉新』1968 年 12 月 17 日。

(35) この理事会（12 月 23 日開催）と記者会見の内容については，『沖タ』1968 年 12 月 24 日をもとにまとめた。また，沖経協は，ゼネスト決行に備えて会員企業に対して，事前事後措置の通達も出していた（沖縄経営者協会［編］1969：75）。

(36) 『琉新』1969 年 1 月 23 日。

(37) 「経営者のエゴイズムに不快感」（男性・那覇市在住・30 代，『琉新』1969 年 1 月 6 日）および「経営協のストアレルギー」（男性・嘉手納村在住・30 代，『琉新』1969 年 1 月 10 日）。

(38) この『経営』1 月号には，「69 年の労使関係（仲松労働局長，新里専務理事）」という対談も掲載されていたが，新里は，そこでも B52 撤去などを目的とする政治的なストライキの違法性について強調していた。

(39) 『沖タ』1969 年 1 月 18 日。沖経協の先鋭的な路線に対する反発は，工連から出されたもので「県民感情を考慮して」という意見であった（『沖タ』1969 年 1 月 23 日）。工連からは，ゼネスト以外の手法（全県民署名運動）についても提案がなされたようだが，強硬的な路線をとる沖経協に一蹴されたという。

(40) 「ゼネスト前夜〈2〉経済界の拒否反応　他に手段あるはず…スト回避に足並み乱れ」（『沖タ』1969 年 1 月 29 日）。両団体の内部において，ゼネストをめぐりなされた議論については，業界団体への資料調査でも明らかにできなかった。ただ，商工会議所は，1 月 6 日の正副会頭会議において「ゼネスト対策について」という議題で話し合っており，なんらかの議論がなされていたと考えられる（那覇商工会議所［編］1969：25）。同団体のゼネスト回避の要望に関しては，意見活動の一環として那覇商工会議所［編］(1983) および那覇商工会議所［編］(1987) に記述がある（要請項目のみ）。

(41) 『琉新』1969 年 2 月 1 日。

(42) 同上。

(43) 『琉新』1969 年 1 月 29 日。

(44) 『沖タ』1969 年 1 月 30 日。

(45) 『琉新』1969 年 1 月 29 日。

(46) 『沖タ』1969 年 1 月 28 日夕刊。

第4章　B52撤去運動の「島ぐるみ」での広がりと2·4ゼネスト　　153

⑷⑺　「1969年第1回嘉手納村議会（臨時会）会議録第1号」（嘉手納町議会事務局
　　所蔵）。
⑷⑻　同上。
⑷⑼　『琉新』1969年1月29日。
⑸⓪　同上。
⑸⑴　いずれも「1969年第1回嘉手納村議会（臨時会）会議録第1号」（嘉手納町議
　　会事務局所蔵）より引用した。
⑸⑵　同上。
⑸⑶　『琉新』1969年1月29日。ただし，上記の村議会の会議録では，採決後の様
　　子については記録されていない。
⑸⑷　『沖タ』1969年1月9日および13日夕刊，『琉新』1969年1月14日。与党自
　　民系が議席を伸ばした背景としては，新人候補を自民党公認ではなく無所属で
　　出馬させ，地域票を固めた点が指摘されている。前年11月の主席公選選挙にお
　　いて，革新側の屋良票が29票リードしていたのに対して，この村議会議員選挙
　　においては，与党自民系が817票の差を革新側につけたことから，自民系にお
　　ける地域・組織基盤の強さの現れと理解してよいだろう（『琉新』1969年1月
　　14日）。
⑸⑸　「"基地ボケ"は困る　嘉手納村民も立ち上がれ」（男性・那覇市在住・20代，
　　『琉新』1969年1月30日夕刊）といった読者投稿欄に寄せられた声や，「ゼネス
　　ト反対の背景　嘉手納村　複雑な"二つの顔"B52撤去賛成だが無視できぬ現
　　実の生活」（『沖タ』1969年1月30日）といった報道を参照のこと。
⑸⑹　「複雑な村民の表情　嘉手納ゼネスト賛否両論に割れる」（『琉新』1969年1月
　　31日）。
⑸⑺　嘉手納以外の地域においても，ゼネスト回避をめぐる対立は顕在化していた。
　　本章のIでも述べたように，コザでは，ゼネストへの賛否を問う以前に，市議
　　会においてB52撤去決議をあげるか否かで対立している状況であった。このよ
　　うな対立の背景には，反米的とみられることでの経済活動への悪影響を危惧し，
　　デモ規制を求めていたコザ商工会議所の動きなどもあった（『沖タ』1968年12
　　月10日夕刊）。また，那覇市議会では，ゼネストによる経済混乱を避けるため
　　として，沖縄自民党を中心とした会派が回避決議を提案していた。結果的に，
　　回避決議は見合わされたが，ゼネストをめぐり那覇においても対立が顕在化し
　　ていた（『沖タ』1969年1月30日夕刊）。このような動きの一方で，読谷村では，
　　村をあげたゼネストへの参加が議論されていた（『沖タ』1969年1月31日）。
⑸⑻　「各学校，不満な表情　嘉手納　涙ぐむ古謝村長」（『琉新』1969年2月1日夕
　　刊）。

第5章　尖閣列島の資源開発をめぐる
　　　　県益擁護運動の模索と限界

はじめに

　前章までで検討してきたように，B52爆発事故は，人びとの生活と生存（生命）への危機を喚起し，2・4ゼネストという「島ぐるみ」の動きを顕在化させた。しかし，この過程において結集点とされた「B52撤去」や「原潜寄港阻止」などは，運動体内部だけでなく，経済界や地域における対立にも焦点が当たるなかで，分断にさらされることになった。そして，基地や復帰をめぐる結集軸のもとでの「島ぐるみ」の運動は，1969年11月の佐藤・ニクソン会談での「核抜き・本土並み・1972年返還」の表明による基地の固定化という既定路線が確立されるなかで，より困難なものとなっていく。

　しかし，このことは，「島ぐるみ」をめざす志向性の消失を意味してはおらず，復帰をめぐる既成事実化のなかでも，経済開発を結集点とした「島ぐるみ」の動きは存在していた。その背景には，本書が対象とした時期において，日米の沖縄援助のあり方が質的に転換し，沖縄経済において主体的な経済開発の可能性が浮上してきたことがあった（「『援助』から『開発』への転換」）。この経済開発という結集点を復帰前の「可能性の残された領域」として捉え，本章では，その領域において自主性や主体性を発揮しようと試みた動きについて検討する。その動きとは，外資導入や尖閣開発による自立経済の達成を一致点とした「県益擁護」[1]の運動である。

　第5章では，この運動に焦点が当った1967年から72年末までを対象として取り上げ，これらの運動が何をめざし（模索），また，どのような障害（限界）に突き当たらざるをえなかったのかを検討する。そのことを通して，2・4ゼネスト以降に「島ぐるみ」をめざした運動の位置づけについて考察してみたい。ただし，この経済開発をめぐる動きは，自主性や主体性の発揮を

めざすかたちで出てきたが，同時に，地域のレベルでは公害や生活をめぐる異議申し立てによる対立をもはらむものであった。上記のテーマは，今後，詳細な検討が必要であるが，本書の主題に関わる範囲で言及する。

I　1960年代後半における「『援助』から『開発』への転換」

　本章では，外資導入による県益・国益論争の顕在化と尖閣開発をめぐる県益擁護の運動について検討していく。一見すると，これらの対象は，第4章までで扱ってきたB52爆発事故をめぐる動きとは，別の次元にあるようにみえるだろう。だが，ここで重要なのは，2・4ゼネストの目前まで展開された「生命を守る」ための「島ぐるみ」の動きの収束は，単純な保革対立への回帰ではなかった，という点である。

　そこには，既に1967年頃から具体化していた経済開発の進展のなかで，「可能性の残された領域」としての沖縄経済に希望を託し，自らの選択肢を示すという意味で，主体性を発揮しようとする動きもみられた。本章では，その点を重視し，1960年代後半からの経済開発をめぐる動きを，2・4ゼネスト回避後における一連の「島ぐるみ」の過程と捉える。この過程では，外資導入において顕在化したような対立をはらみながらも，同時に，経済団体を含めた組織横断的な「島ぐるみ」をめざす尖閣開発への動きが現れてくることになる。ここでは，経済開発という領域が，いかにして主体性の発揮を可能とする対象として浮上してきたのかについて，「『援助』から『開発』への転換」という視点からみていく。

　戦後日本においては，一方で，サンフランシスコ講和条約と日米安全保障条約によって米国の覇権へと組み込まれながらも，同時に，経済的には「かぎられた国土の徹底的な開発」という基本的な方向づけのなかで，ナショナルな経済圏を構築していった。それとは対照的に，米国の占領下に置かれ続けた沖縄や奄美諸島（1953年に返還）での経済活動は，戦後初期から1950年代にかけて，基地建設に伴う軍工事やガリオア資金（1947〜57年度）などの米国からの援助資金によって成立した。しかも，この援助においては，

「経済」という割当項目の大きさの反面で，その中心は余剰生産物や軍事物資の放出などの「物資援助」であった（杉野・岩田［編］1990：4）。

　第1章でも触れたように，製造業などの産業基盤の整備がなされなかった背景には，基地建設重視による建設業の拡大だけでなく，援助そのもののあり方も関わっていた。この点は，1955年6月に琉球政府から出された『経済振興第1次5ヵ年計画』の冒頭でも，「経済復興は急激に促進され，戦争によるいたましい荒廃の姿もつぎつぎと消え，相当な繁栄がもたらされたのである。／しかし，この繁栄は前に述べたように基地としての特異の立場からくるもの，すなわち，ガリオア援助と建設工事を含めた基地収入によるものであつて，われわれの産業から根強く生まれたものではなかつた」（琉球政府1955：1）としている。

　ただし，このガリオア資金は当初，単年度ごとの立法措置によるものであったが，いわゆる「島ぐるみ闘争」（土地闘争）のため基地の安定的な確保がゆらぐなか，経済政策に一定の修正がなされ，その一環として恒常的な援助方式が求められた。1958年8月には，「琉球列島の経済的・社会的開発を促進する法律」（プライス法）が上程され，1960年度からは「公共事業・経済開発」という項目が新設された（琉球銀行調査部［編］1984：622）。また，1960年代初頭には，「島ぐるみ闘争」や日本本土での安保闘争によって生じた政治的緊張を緩和し，安定的な安全保障体制の確立のために沖縄が位置づけられ，日米が共同で経済開発にあたることが決められた（ケネディ新政策）。そして，この過程で，日本政府による援助（日政援助）が制度化され，1967年度には米国援助を上回り（同上：710），復帰を下支えすることになる経済面での一体化もめざされていった。

　そのなかで，外から与えられるものとしての援助の意味合いが，質的にも変わっていき，日本本土（日本政府・日本企業）や沖縄を主体とした開発へと転換していった。とりわけ，1967年11月の佐藤・ジョンソン会談後の経済的な一体化政策は，二つの面から上記の転換を進めたと考えられる。それは，第一に，復帰が現実味を帯びるなか，新たな「国土」として日本政府や日本企業らが，沖縄経済を開発の対象とみなしはじめた，という点である。

第5章　尖閣列島の資源開発をめぐる県益擁護運動の模索と限界　157

1967年以降，第2章の表2でも示したように，数多くの経済調査が日本本土側を主体として行われ，また，本章のⅢで扱う尖閣開発においては，国土開発の一環として沖縄が捉えられていった。

　同時に，もう一つの側面として，この動きは，沖縄を主体とした開発の「可能性」をも提示していた。まさに，この「可能性」を託された領域こそが，外資導入による工業化路線であり，そのなかで求められた資源開発であった。外資導入という動きは，「『援助』から『開発』への転換」という状況のなかで，工業化路線を具体化させ，沖縄経済の「可能性」を開く一つの端緒となった。その点については，Ⅱで詳述する。

　B52撤去運動の展開と，ゼネスト回避後の基地の固定化という過程は，上記の「『援助』から『開発』への転換」と並行して起こっていたのであり，そこでは，B52撤去などとは異なる選択肢として開発という「可能性」に託していったと言える。以下では，「『援助』から『開発』への転換」という質的な変化を踏まえて，外資導入と尖閣開発の過程について検討していく。

Ⅱ　1960年代後半における外資導入と県益の顕在化

1　外資導入が開いた経済開発のビジョン

⑴　沖縄経済の構造的な不安定さと外資導入のインパクト

　第1章で触れたように，復帰前の沖縄経済は1960年代後半にかけて規模を拡大したが（表1），そこでの高度経済成長は，冷戦下の米国の軍事戦略に規定された基地経済を背景とするものであった（屋嘉比2009）。Ⅰの「『援助』から『開発』への転換」という変化とも関連して，1968年に発行された『琉銀ニュース』は，沖縄経済に特有の構造的な問題点について以下のように指摘していた。

　　　特に60年以降の経済成長は年間平均伸び率が15％になっており，目をはらせるものがある。／しかしながら，この経済成長をもたらした要因が問

題である。砂糖，パインアップル等の輸出伸長はあったにせよ，いぜん基地収入，日米政府援助が対外受取りの大半を占めており，今日の経済成長は実力で成し得たものではないだけに，その基盤はきわめて不安定であるといわねばならない（琉球銀行調査部［編］1968：2）。

　ここで取り上げる外資導入は，この「日米政府援助」や「基地収入」への依存などによる不安定な経済条件を是正するために求められた。とりわけ，沖縄経済のなかでも比重の小さかった第二次産業においては，外資導入が不可欠であり，「地元資本，技術のみで対外競争に打ちかつ産業を興すことは至難であるといわねばならず，そのためには何らかの形で資本の供給が必要」と理解されていた（同上：3）。

　では，実際の外資導入はどの程度の規模でなされたのだろうか。上記のニュースによると，「1968 年 1 月 20 日現在，外資導入の免許件数および認可投資額は 2 億 3,500 万ドルの多額にのぼっている。しかし，その金額の 92.3 ％を占める 2 億 1,700 万ドルは，昨年末から今年にかけて認可された米系石油資本の額であり，それらを除くと 1,800 万ドル台にすぎず，その実績はあまりにも少額といわねばならない」（同上：8）とされている。占領下の沖縄経済における外資導入のほとんどは，県益擁護の運動が展開される直前の 1967 年から 68 年にかけての石油外資（後にアルミ外資も）によるものであることがわかる。この外資導入の実績からは，次で述べる通り 1950 年代後半以降の外資導入制度の改変で，導入額自体は増加傾向にあったものの，復帰直前の規模の拡大がみてとれるだろう。

(2)　「自治権の拡大」としての外資導入制度の改変
　外資導入は，1960 年代後半において主体的な経済開発のビジョンに不可欠な要素とされたが，歴史的にみると，自立経済や「自治権の拡大」をめざして制度的な整備や拡充が行われてきた。
　そもそも，この外資導入という制度は，1950 年代の戦後復興期に確立されたもので，1951 年 2 月の民生官書簡によって基本的な方針が示され，翌

第5章　尖閣列島の資源開発をめぐる県益擁護運動の模索と限界　159

年3月に USCAR 布令第74号「琉球列島における外国人の投資」（同年の二度の改廃を経て USCAR 布令第90号として確定）に基づき制度化された。この時期（1952年3月〜58年9月）は，「琉球政府並びに米国民政府による合同審査時代」にあたり，外資導入に関する審議は「琉球政府行政主席が任命する琉球政府職員3名と，民政官の任命する民政府職員2名」の計5名の審議委員で構成される審議会でなされた。ただし，この審議会での答申をもとに民政官に承認を得る必要があったため，USCAR の意向が強く反映される制度であった。

　その後，1950年代後半には，「島ぐるみ闘争」（土地闘争）を受け，住民の経済的条件の改善を図り，経済開発を強化するために，大幅に外資導入の制限を緩和した。それまでの外資導入制度は，沖縄内の産業保護を優先した「規制」的側面が強かったが，この方針転換によって外資の「積極的歓迎ないし促進」を打ち出し，資本の自由化に近い仕組みをとることになった（琉球銀行調査部［編］1984：588-589 および国立国会図書館調査及び立法考査局1971：243-244）。

　1960年代に入り，ケネディ新政策では，沖縄の経済開発に日米が共同であたることを目標とし，その一環として「自治権の拡大」も盛り込まれていた。しかしながら，この政策は軍部からの反発にあい，キャラウェイ高等弁務官の「自治神話論」に象徴される直接統治の強化がなされた。その後，この強硬路線が批判され，1964年以降，軍部主導の離日政策を修正し，新政策に基づき日米両国が協調して沖縄の経済開発に力を入れることになる。

　このような占領統治のもと，限定的ではありながらも経済面での「自治権の拡大」も果たされていった。その一つとして位置づけられたのが，外資導入審査権の琉球政府への移管であった。この権限委譲は，1965年4月に起こった認可保険業者による違法行為に対して，行政措置も取れない状況が生じたことで争点化されるにいたった。その後，当時の行政主席であった松岡による高等弁務官への要請などの結果，外資導入審査に関わる規定を定めた USCAR 指令20号を廃止し，琉球政府職員のみで構成する外資導入審査会（以下，外資審）に外資導入の権限が移された。この結果について，松岡

主席は，「こんご外資導入については主席が決定することになり，琉球経済の発展，住民福祉の向上に同審議会がその権能をじゅうぶんに発揮するものと確信する」とし，また，このように「権限が委譲されていくことは自治権拡大をもの語るもの」[7]と評価していた。そして，1967年に大型外資の導入に踏み切ったのも，この松岡主席であった。

以上のことから，復帰路線のいまだ不確定であった1965年前後に，外資導入のあり方が，「自治権の拡大」と結びつけられ，「不安定」な沖縄経済の構造を是正するための主体的な方策として求められていたことが理解できる。

(3) 外資導入が開いた経済開発のビジョン

制度の歴史的な背景を踏まえたうえで，ここでは，外資導入に焦点が当った1960年代後半の時期についてみてみよう。復帰後のビジョンがいまだ確定していなかった1967年4月，にわかに米系大手石油資本のガルフ社誘致が東海岸の与那城村宮城島において持ち上がった。この出来事への驚きは，上述のように，それまでの外資導入からすると考えられないほど大規模な資本が沖縄をめざしてきたこともあり，[8]社会的にもとても大きなものであった。このガルフ社の誘致をかわきりに大型外資の誘致が活発化し，当時，大規模な工業の担い手が皆無に近かった沖縄において，工業化路線が現実的なものとして浮上していった。

そして，この時期，既に外資の許認可権を得ていた琉球政府は，工業化を実現できる可能性を持った石油外資であるガルフ社を1968年1月8日に認可した。それにひき続き，この月にはカイザー，カルテックスおよびエッソといった石油外資の認可が矢継ぎ早に行われ，20日にはガルフ社を含む4社に対して免許が交付された 。ここでの許認可における基本的な考え方は，基地経済からの脱却に向けた経済的な振興にあり，これを促進するための外資を導入するというものだった。この時期には，多くの経済開発案が出されていたが（第2章の表2），石油外資の進出は具体性を伴ったかたちで復帰後を構想することを可能とした（Ⅰで述べた『援助』から『開発』への転換）。その意味で，外資導入という方向性は，経済開発をめぐるビジョンを開示し，

当初は自主性や主体性を発揮することを意図してとられた。

しかし，復帰による日本本土との一体化というナショナルな統合を前に，外資導入による主体性の発揮は，無力化（無効化）されていくことになる。これに関連して，次は，石油外資とアルミ外資の導入過程をたどりながら，日本政府の国家的介入によって外資導入がどのように県益として捉えられ，また，無力化（無効化）されていったのかを記述する。

2 石油・アルミ外資の導入と県益化のプロセス

(1) 外資導入の契機としての石油外資の導入

外資導入は，当初から県益として捉えられたわけではなかった。外資導入を県益とする見方は，日本政府との対立が激しくなるなかで強調され，前面に出てくることになる。そのため，ここでは，石油外資の導入が当時どのように捉えられたのかを，導入の経過をたどりながらみていく。

1968 年の 1 月，他に先立って認可されたガルフ社の許可答申は，次のような内容となっていた。ガルフ社の申請内容は「石油精製並びに同製品の輸出事業」であり，その許可理由には，「1，新規生産事業の設立を目的とした健全な投資申請である。2，雇用の拡大をもたらす。3，外貨獲得に貢献する」という三つの理由が挙げられていた[9]。この認可のなされた時期において，琉球政府は，明確な外資導入の方針を確立してはいなかったが，前年 4 月からの相次ぐ石油外資の進出を前に，対応を余儀なくされていた。外資審での詳細な審議過程については資料の制約から把握できないが，県益を考えるうえで認可理由の一つ目に挙げられている「新規生産事業」という側面はみのがせない。というのは，当時の外資の審議では，許認可の根拠として，沖縄内の既存産業との競合を重視していたからである。

そのことがわかる具体例として，「鉄工業の経営」を申請したエス・エンド・ワイ社（S&Y, Inc.）は，「1，地元同業者との競合面が強い。2，本申請に対して地元同業者より猛烈な反対の阻止陳情がある」という二つの理由から不許可とされていた[10]。この考え方は，当時，「島内産業保護」と表現されていたが，無条件で外資導入を是認したわけではなく，あくまでも新しい産

業の開発を許認可の根拠としていた。また，このガルフ社認可の時期には，USCAR，地元経済界，日本政府，そして琉球政府のシンクタンク的な役割を果たしていた琉球大学経済研究所などによる外資導入や石油産業の可能性への言及があり，これらの動きも認可の背景として存在していた[11]。

　しかしながら，当初，この石油企業４社の認可への反応は，琉球政府と石油外資との癒着を「黒い霧」として疑うものや批判的な見方が多く[12]，外資導入を県益として強調する主張はみられなかった。そこでの批判の主な内容は，外資審での短い審議（二回）で結論を出すのは性急であり，石油産業の導入に関する明確な方針を欠いている，といったものであった。また，当時の新聞の社説や読者投稿では，既に進められていた日本本土との一体化政策に抵触するのではないか，という危機感も表明されていた[13]。

　たとえば，ガルフ社の認可方針が伝えられた際，『琉新』の社説では，「石油政策を公表せよ」と題し，次のように石油外資の扱いを慎重に行うことを求めていた。

　　　今度の石油外資の処理は，純経済ペースでの検討はそっちのけにして政治的
　　　な決定になったきらいがある。復帰のさいの混乱をなくすために一体化策が
　　　おし進められようとしているときだけに許可に当たっては慎重さがのぞまれ
　　　る。復帰時の摩擦を最小限にくいとめるためにも，もう一度，じっくり考え
　　　てみる必要があろう[14]。

　このように，一方の外資審は，沖縄における「新規」の生産事業として石油外資を重視し認可したが，石油産業に関する方針・政策の欠如や日本本土との関係から，当初，外資導入自体は県益と捉えられていなかった。

⑵　石油・アルミ外資の導入に対する国家的介入

　このようななか，外資導入が県益として浮上したのは，沖縄側の外資認可に対して，日本政府による国家的な介入が行われたことによる。

　上でみた石油外資の認可に対して，通産省は反発し，琉球政府の頭越しに

4社首脳に対して①復帰後には日本の石油政策を適用すること、②復帰前後を通じ生産・流通市場に混乱が生じないような調整措置を行うこと、を趣旨とする「両角二原則」と呼ばれる通告を発し、報復措置まで検討していることを明らかにした[15]。日本政府のこのような強硬な対応は、当時、進められていた一体化政策が背景にあったことと合わせて、日本の石油政策が自国の資本（「民族資本」と呼称されていた）の保護を最優先とした「排外主義」を背景としていた（琉球銀行調査部［編］1984：1042）。

　これに対して、沖縄側の反発といら立ちが表明されることになる（次項で詳述）。その後も日本政府は、介入の手を休めることはなく、1969年11月には「沖縄経済振興の基本見解」において「かけ込み外資」に対して厳しい措置を取り、続いて12月に行った沖縄工業立地調査の報告では、復帰後の認可取り消しをも示唆した。しかしながら、最終的には、ガルフ社の譲歩と、貯蔵基地の建設により石油確保を求める政策的な意図から、翌年5月に条件付きで進出を認められることになる[16]。

　一方、同時期の1969年12月、米系大手アルミ資本のアルコア社も沖縄進出を表明した。このアルコア社の沖縄進出に対しては、日本本土のアルミ業界をも巻き込み、石油外資以上に強力な国家的介入が行われた。翌年3月には、日本本土のアルミ学会およびアルミ業界代表がアルコア社の誘致反対を表明した。時期を同じくして、日本政府は、「外資問題日琉協議委員会」の設置を検討し、復帰後の日本本土への市場進出を目的とした「かけ込み外資」の対策に動いた[17]。その後、アルミ業界は、現地調査を行い、5社による共同出資での沖縄進出を5月に表明した[18]。この動きには、アルコア阻止をめぐる業界側の意図と通産省の意向が強く反映していたとされている（琉球銀行調査部［編］1984：1059-1072）。

　このなか、外資審は6月にアルコア社に対して認可答申を出したが、それに対して通産省は、日本本土の5社の進出後に認可を行うよう抗議した。当初、日本政府は、アルコア阻止の根拠として「かけ込み外資」が外資政策に抵触することを挙げ、主に①本土市場のかく乱、②単独外資（100％出資）が資本自由化計画に抵触する、という二点を問題視していた。その後、日本政

府側の意向を受け，アルコア社は，その根拠の一端であった単独外資に関して，日本側のアルミ企業との合弁の意向を示したため，進出阻止の根拠は崩れたはずであった。しかしながら，日本政府とアルミ業界は，沖縄側に対して，アルコア社か日本本土の企業か，の二者択一を迫り，アルコア阻止の姿勢を崩すことはなかった。[19]

　このような強力な国家的介入に対し，琉球政府側は，日本政府の動きをけん制するため屋良主席が立法院で「県益表明」を行い，アルコア社を正式に認可した。[20]これに対抗するため，1970年12月に日本本土の5社は沖縄アルミを設立し，一方のアルコア社は71年に古河アルミなどとの提携を模索するが，出資額の50％を満たす提携先が見つからず結果的に進出を断念した。[21]その後，沖縄アルミの誘致は，1972年5月の復帰をまたぎ，建設候補地の石川において住民，教職員組合や政党などによる反対運動が起こり，最終的に，沖縄県公害対策連絡協議会による公害対策が不十分であることを理由とした「誘致不適切」の表明の後，事実上中止されることとなった。[22]

(3)　県益としての外資導入の争点化と公害問題

　以上のような国益を背景とした国家的な介入に対して，どのように県益の論理が主張されたのだろうか。既に触れたように，沖縄にとっての利益を重視する県益的な発想は，日本政府と沖縄側との対立によって顕在化することになった。とりわけ，復帰の時期が決まり，アルコア社の進出による日本本土との対立が浮き彫りとなった1969年末から翌年にかけて，県益・国益論争と呼ばれる議論がなされた。

　県益の表明との関わりで重要なのは，復帰路線が確定したことで，日本本土への一体化を志向する復帰ナショナリズムと抱き合わせのかたちで，自主性や主体性が意識されていたことである。一見すると，この復帰ナショナリズムと主体性の主張は，矛盾するように思えるものの，日本本土に「一県」として復帰することと，「一県」としての沖縄が独自の意見を主張できるような主体性を持つことは両立していたと言える。

　たとえば，佐藤・ニクソン会談後の『沖タ』の社説では，「"新しい県"づ

くり　あらためて，主体性を考える」と題し，沖縄における「主体性の確立」が以下のように強く主張されていた。

> 政府に対し「国家の国民に対する義務」を要求する形で，問題を訴えるためには，やはりしっかりした沖縄側の「自分の計画」をもたねばならぬのは，いうに及ばない。［中略］地方自治の主体性，あるいは，それよりもっと高い次元で，沖縄が米国支配のもとから，自国［日本］の中に確固とした地位を占め，解放されていくための主体性の確立を考えると，ここで「沖縄の意見」を，強固に打ち出していかねばならぬと思うのである。[23]

　ここでいう「自分の計画」として，「可能性の残された領域」の一つが経済開発であった。その後，アルコア社をめぐる対立が焦点化するなか，主体性と自主性を発揮する領域として経済開発が意識され，外資導入もそのなかで位置づけられることになる。[24]

　アルコア阻止の動きが表面化する直前の 1970 年 3 月 2 日，屋良主席は，外資導入や企業誘致に関する琉球政府の立場について，「沖縄の開発のために有効な企業は入れる」と述べていた。[25]その後，アルミ業界やアルミ学会によるアルコア阻止の動きなどを受け，砂川恵勝通産局長は，3 月 11 日の記者会見の席で，第二次産業の開発における外資導入の必要性を指摘するとともに，日本本土の企業進出も歓迎することを，次のように指摘していた。以下では，記者会見でのやりとりを引用する。

> ―本土企業も沖縄進出を計画，23 日に 11 社が来島する。
> 砂川局長　本土企業が進出してくるなら大歓迎する。本土企業の進出がないから外資を受けいれている。
> ―アルミ関係の本土企業が進出してきたらアルコアを認めないか。
> 砂川局長　基本的にはそうだが，同規模の資本投下をしてほしい。アルコアは，年間 7 万トンを生産，自家発電を計画しており総計 1 億ドルの投資額となる。また，外資は条件をつけないが本土企業は税制上の保護など条件が多

い。いずれが，沖縄経済にプラスになるかが判断の基準になる。[26]

　ここでは，日本本土の企業と外資とを区別せず，あくまでも沖縄経済にとって「プラスになるか」が重要であると強調していた。そのうえで，砂川通産局長は，今後の方針として，「本土企業が進出してこない限ぎり，外資の受けいれは続ける。県益第一主義は堅持していきたい」とし，県益を優先することを明言していた。このような県益の強調の背景には，一方で外資をけん制しながらも，具体的な沖縄経済への関わりをみせない日本政府や日本本土の企業への不信感がみてとれる。[27]そして，6月のアルコア認可において，屋良主席は，立法院で改めて県益の表明を行い，[28]また，外資審は県益を根拠として日本本土のアルミ会社も許可した。[29]

　しかし，この外資導入をめぐる県益の主張は，Ⅲで取り上げる尖閣開発とは異なり，「島ぐるみ」を志向する具体的な動きを伴ったものではなかった。石油外資の申請後から，既に石油コンビナートと公害についての不安は表明されており，[30]上述の県益が焦点化した時期においてすら外資導入による経済効果と公害問題を区別すべきだ，[31]という主張がなされていた。

　また，石油外資の導入を受け，地元資本の出資で設立された東洋石油の工場建設をめぐっては，1969年11月に石油基地反対同盟が結成され，地域から公害反対と工場建設阻止の運動が展開されていた。[32]これに加えて，復帰を目前とした1971年10月には，実際に石油工場が稼動するなかで，ガルフ社の工場から大量の原油が流出し，公害に対する不安は現実のものとなった。[33]上で述べた沖縄アルミの最終的な誘致断念の決定には，外資導入をかわきりとした企業誘致が現実に公害問題を引き起こしていた，という背景があった。本書では詳述できないが，この公害による生活と生存（生命）への危機感は，復帰後のCTS（石油備蓄基地）建設阻止の運動にも連なるものであった（上原2013・2014）。

　以上のことからわかるように，たしかに，石油やアルミ外資の導入は，「『援助』から『開発』への転換」という流れのなか，沖縄経済において工業化路線というビジョンを具体的なものとして浮上させ，それを県益として重

第 5 章　尖閣列島の資源開発をめぐる県益擁護運動の模索と限界　　167

視する動きもみられた。しかし，公害問題による対立の顕在化によって，「島ぐるみ」の結集点とはなりえなかった。それとは対照的に，石油外資の導入によって具体化した尖閣開発は，県益擁護を前面に出し，組織的な動きをも伴うものとして展開されることとなる。

Ⅲ　尖閣列島の資源開発をめぐる県益擁護の運動[34]

　外資導入の過程で方向づけられた工業化路線のなか，県益の焦点となったもう一つの事象が尖閣列島の資源開発であった。この問題は領有権をめぐる政治的な側面をもはらむものであったが，沖縄の側は，尖閣開発を県益として経済開発に組み込もうとした。尖閣開発の議論が本格化するのは 1970 年に入ってからだが，その時期は，外資導入をめぐる県益・国益論争の時期と期を同じくしていた。

　Ⅲでは，尖閣開発をめぐる県益論の形成と「島ぐるみ」の動きを伴った県益擁護運動の模索を取り上げ，その特徴と歴史的な位置づけについて明らかにする。既に検討してきたように，2・4 ゼネスト回避後に政治的争点における一致点の模索の道が断たれた後も，「『援助』から『開発』への転換」と，それに伴う工業化路線の具体化は，経済開発を沖縄における「可能性」のある領域とみなすことを促し，新たな結集点を求める動きは続いていた。外資導入が公害問題を契機に，人びとの対立を顕在化させたのとは対照的に，尖閣開発をめぐっては，自立経済の達成を一致点とした県益擁護をめざす運動まで展開された。ただし，ここでの運動は，後述するように，「島ぐるみ」や全県民的な運動をめざすことを明言し，運動化を図ろうとしたものの，2・4 ゼネストのような大きな闘争にまで発展したわけではなかった。

　Ⅲでは，まず，尖閣開発が争点化された歴史的な背景を確認し，そのうえで，この開発が県益として捉えられた過程についてみていく。それを踏まえて，「島ぐるみ」をめざした県益擁護運動の経過をたどりながら，その歴史的な意味合いと運動の限界について考察する。

1 尖閣列島の資源開発の歴史的背景

(1) 尖閣列島の価値の変容：学術的価値から資源開発の対象へ

　尖閣開発は，どのような歴史的過程のなかで着目されるにいたったのだろうか。1960年代後半から復帰前後にかけて，尖閣列島の近海にねむっているとされる膨大な石油資源に注目が集まった（図12）。

　それまで，尖閣列島の価値は，その独自な生態系などに関して学術的に認められるにすぎなかったが（尖閣諸島文献資料編纂会［編］2007など），それが復帰前後にかけて資源開発の対象として認識されはじめる。その背景には，Ⅱで述べた工業化路線の具体化という大きな動きがあったが，より直接的な契機となったのは，複数の主体（民間・政府・国際機関を含めた）による資源調査の実施と，復帰路線のなかでとられた日本本土との一体化施策であった。

　まず，資源調査についてみてみよう。他に先んじてこの海域の開発に着手していたのは，沖縄在住の宝石商で後にペルシャ資源開発を立ち上げた大見謝恒寿という人物であった。同氏は，後に鉱業権の取得をめぐり日本側と対立することになるのだが，1964年に天然ガスの噴出が話題となっていた竹富島沖でボーリング調査を行い，八重山海域における油田の存在を指摘していた。[35] その後，日本側からは，1966年に東京水産大学の新野弘教授によって一連の資源調査が行われた。新野は，それまで学術的には示唆されていた東シナ海における資源開発の可能性を海底調査によって裏づけ，在京の財界人に対し，さらなる調査・開発資金の工面を要請していた。[36] ただし，この頃までは，尖閣列島は必ずしも石油資源の開発と直接結びつけて理解されてはおらず，また，開発の対象もより広い「八重山諸島」や「東シナ海」といった海域と結びつけられていた。

　しかしながら，1968年末にかけて，国連アジア極東経済委員会（以下，ECAFE）[37] に設置された「アジア海域沿岸海底鉱物資源共同調査委員会」（CCOP）が，東シナ海において日本，韓国，台湾および米海軍海洋局の科学者との共同で資源調査を行い（浦野2005：41），翌年5月に石油埋蔵の可能性を発表したことで，この海域に世界的な注目が集まった。

第5章　尖閣列島の資源開発をめぐる県益擁護運動の模索と限界　　169

図12　尖閣列島の位置

出典：外務省情報文化局（1972）を一部加工。

(2)　一体化路線による尖閣列島の「国土」としての包摂

　このECAFE調査の後，尖閣列島そのものに焦点が当たりはじめたが，そこには，復帰が現実のものとなり一体化路線がとられるなか，尖閣列島を含む沖縄という対象が「国土」として包摂されてゆく過程があった。1968年7月には，当時，沖縄問題等懇談会の専門委員であった高岡大輔を団長とした尖閣列島調査団が派遣され（総理府からの委嘱，琉球大学高良鉄夫教授らが随行），国家的な学術調査の必要性が確認された。

　その後，高岡は，視察報告会で田中龍夫総務長官ら有力者を前に尖閣列島の学術調査の継続を訴え，予算措置の獲得のために奔走した（高岡1971：

54-56)。そこでの高岡の主張は，ECAFE の調査報告の発表前に「国家予算による日本政府としての尖閣列島周辺の海底地質に対する学術調査をするという国家予算を計上しての意思表示を決定しなければ，尖閣列島周辺海域における大陸棚開発に対する日本の立場は将来に向って大きな損失を招く」（同上：55）というものであった。結果的に，この高岡の訴えが，三次にわたる総理府の学術調査に結びつき，国家的な尖閣開発に先鞭をつけることになった。

　また，1968 年 11 月に出された日本政府による「沖縄経済に関する視察報告」は，尖閣列島が一体化施策のなかで開発されるべき「国土」に組み込まれたことを示唆していた。[38]というのは，米国占領下において，日本政府はあくまでも援助を行う側として外部から沖縄と関わってきたが，一体化施策の推進の過程で沖縄は「国土」（ないし「国富」）と見なされ，開発の対象として扱われたのである。このことは，同報告の「国土の保全と開発の促進」という項に典型的に現れている。そこでは，「沖縄は，台風により年々巨額の国富を喪失している現状にかんがみ，国土の保全についてはとくに留意するとともに，さらに総合的な見地に立って国土の開発を行なう必要がある」（南方同胞援護会［編］1970：12）と捉えられていた。そして，この国土開発の一環に組み込まれたのが，「沖縄発展の夢」として注目された尖閣列島の海底資源であった。[39]

　尖閣列島の価値の変容には，このように複数の主体によって行われた資源調査と，復帰路線のなかで沖縄が日本の「国土」として包摂される過程が存在していた。そして，次第に注目されはじめた尖閣開発が，領有権の問題もからみつつ復帰前にかけて人びとの結集点となり，県益擁護の主張を伴いながら「島ぐるみ」をめざす運動へと展開していく。この過程について，以下では，大見謝が鉱業権申請を行い，具体的な開発をめぐる動きが出てくる 1969 年初頭からの動きについて検討する。

2 県益化する尖閣列島の資源開発

⑴ 県益的発想の端緒：地元開発者と石油開発公団との対立

　尖閣開発をめぐる「島ぐるみ」の運動を考察するうえで，この開発が，どのように県益として捉えられるにいたったのかを整理する必要がある。というのは，ここでの県益という認識は，尖閣開発によって得られる利益を，沖縄の人びとの結集点としていく過程において浮上し，また，醸成されたものであったからである。

　県益的な発想が顕在化した背景には，1969 年 2 月，沖縄側の開発者であった大見謝が琉球政府通商産業局工業課に対して鉱業権を申請したことによる，日本側の主張と沖縄側の主張との対立が存在した。この大見謝の申請の直後，石油や天然資源の開発のための公的機関であった石油開発公団[40]（以下，公団）は，古堅総光という沖縄出身の職員名義で 7,000 件を上回る鉱業権の申請を行った。

　当時，沖縄において通用していた鉱業法は，琉球政府のもとで「琉球住民および琉球法人」にのみ申請を認めており，試掘権と採掘権の両方を含む鉱業権申請においては，より先に申請したものに権利を認める「先願主義」を採用していた。

　この鉱業権申請について，申請のために来島していた公団の探鉱部長池辺穣は，以下の三つの理由を挙げている。それは，①大見謝の申請を受けて，競合しないかたちでの日本政府による開発を推進するため，②石油開発の規模が大きいため，公団による石油開発が妥当である，③石油開発によるドル流出の防止，の三つであった。とりわけ，第二の点は重要なため，どのような主張だったのかを引用しておく。そこでの主張は，「試掘だけでも 16 億円はかかるので個人による開発はむつかしい。公団としては古堅さんの鉱業権が許可されしだい，飛行機による磁気探査および船による人工地震探査などを行ない，試掘にはいる」というものであった[41]。

　ここからもわかる通り，公団側の論理は，「試掘」という入口の段階でも莫大な資金を要する点を強調することで，沖縄主体の開発を暗に否認し，開

発への公団の参入を正当化するものであった。これが，日本側の主張（すなわち国益）の軸であった。その後，大見謝はこのような公団の鉱業権申請の手法に対して抗議を行った。その抗議の要点は，三つにわたっており「①先願主義が建て前の鉱業権に対し，明らかに競合しているとわかりながら政府が公団の出願を受理するのは意図的である②しかも，われわれは，10日ちかくも徹夜して1件ごとに出願（法律および政府の指導による）させておきながら公団の出願は一括受理しており，不平等である③日本の石油公団に対し，一方的に同社の出願事情をもらしているのは秘密のろうえいである[42]」とした。

　この抗議に対し，公団側は，「競合しないと思ったから出願したのであり，また，民間ベースでは困難だろうから公団が開発を考えた。乗っ取る気は毛頭ない[43]」と反論している。この公団による申請の後，少し間をおき1969年の10月から12月にかけて，大見謝の申請の不備をついて新里景一も鉱業権を申請（三度の申請の合計は11,000件以上にものぼる）[44]し，尖閣開発はさまざまな思惑や権利主張が錯綜する三つ巴の様相を呈することになった。

(2) 顕在化する県益という集合的な論理

　ここで注目したいのは，大見謝と公団との対立の過程で国益と対置された県益がかたちづくられ，焦点が当たりはじめた，という点である。彼の主張していた県益的な発想は，「断絶の発想を超克する」と題した地元紙への投稿ににじみ出ている。その投稿において彼は，「琉球あるいは沖縄には，象徴的にいえばNATIONという歴史的事実がない」と国益的な発想の源泉を否定したうえで，次のように述べている。

　　わたしが尖閣列島の海洋資源開発に18年間も執着しているのは，貧困な私たちの祖先の島をなんとかして自立して，そして大きな視野でみて，民族の資本と権益とその利益を守り，その経済的な成長によって，私たちが生き，死んでいくこの文化的なシマをもっと豊かに育成していきたいという心があるからです。[45]

第5章　尖閣列島の資源開発をめぐる県益擁護運動の模索と限界　173

　この見方からは，尖閣開発における経済的な利益への希求が，個別的な利害の次元にとどまらず，「沖縄」や「私たち」にとっての，「自立」や「成長」をめざすための主張であったことがみてとれる。また，この主張においてみのがしてはならない点は，「NATION という歴史的事実がない」としていったんは国益の論理を否定しつつも，同時に，「琉球あるいは沖縄」という別の集合的な論理を改めて立ち上げている，という点である。言い換えれば，県益とは，あくまで集合的な論理として，国益に対置される関係のもとにおいてのみ意味を持つものであり，それゆえ，国益をめざす論理と実践によってその実現可能性が限定されてもいるのである。このことは，Ⅱの外資導入の過程についても同様であった。

　その後も大見謝は，自身の調査の経緯や結果を「先島列島の石油調査報告書」として『時報』に公表し沖縄の人びとへ理解を求めるとともに，公団の申請を脱法行為として批判し続けた。[46]このような訴えに対しては，公団の申請方法について「本土人の差別意識と関連して疑惑を持つ」（男性・那覇市在住・会社員）[47]や，「この尖閣列島の油田問題はまさにわが沖縄 100 万住民の将来を左右する重要な問題だと確信する。（政治的にも経済的にも隷属化の危険），無産の沖縄から有産の沖縄にいまや生まれかわろうとしているのである。[中略] もし，沖縄の手で開発し精製しなければ，わが郷土には金が落ちないということだ。さすれば沖縄の経済的自立が永久に失われることになるのだ。尖閣列島の石油はぜひともに沖縄の手で開発しなければならない」（男性・宜野湾市在住・20 代・学生）[48]など大見謝の主張に共感を寄せる者も現れた。

(3)　対抗論理としての県益

　次第に県益化しはじめた大見謝の主張は，どのような特徴を持つものであろうか。ここで指摘する必要があるのは，その歴史性と対抗論理としての側面である。

　まず，歴史性についてだが，大見謝の主張は，国家の主張としての国益が表面化し，人びとの耳目にせり出してくる歴史的過程でかたちづくられてき

た。とりわけ，この時期において重要なのは，沖縄を日本と一体化させ，「国土」として包摂しようとした国家の権力作用である。大見謝が開発の夢を託した尖閣列島は，沖縄が日本の範囲に確定される過程において，国家による開発のまなざしにさらされたと考えられる。

このように，県益が日本との関係において歴史的に形成されてきた点を考慮に入れると，一般的な理解において県益と国益とを対置させる考え方の問題点が浮かび上がる[49]。ここで踏まえておくべきは，県益が，日本による「国土」への包摂という歴史的条件のもとで立ち上がり，結果的に，それを覆すことが構造的に困難であったとしても，主体性の発揮を求める国益への対抗論理として提示された，という点である。

その点では，大見謝が，一方で実現可能性のレベルにおいては尖閣開発が国家的事業によって進められることを認めつつ，もう一方で「琉球あるいは沖縄には，象徴的にいえばNATIONという歴史的事実がない」ことを国益の論理に対置させたのは，まさにこのような対抗関係が成り立っていたからであろう。

しかしながら，このように県益を把握することは，対抗論理としての側面を無条件に肯定することにはならない。3で詳述するように，沖縄側が国家の論理に対置した県益は，経済的な結集点であるがゆえのほころびや限界を抱えていた。

3 「島ぐるみ」の運動をめざした尖閣列島の資源開発とその限界

ここまでの検討においては，大見謝と公団の利益が対立し，県益的な発想が顕在化してきた過程を明らかにした。では，尖閣開発は，復帰前においてどのように県益として人びとに認識されたのか。また，その県益を結集点とした「島ぐるみ」の運動は，どのように展開していったのだろうか。

(1) 資源開発の国益化と「島ぐるみ」の運動の萌芽

大見謝と公団との対立の後，日本政府の動きが本格化し，1969年6月には調査団が派遣され，海底油田開発に向けた動きが顕在化した[50]。翌月には，

第 5 章 尖閣列島の資源開発をめぐる県益擁護運動の模索と限界 175

調査団が石油資源の存在を発表し，2 年をめどに開発を行う構想を提示する
も，沖縄側からは「石油事業の開発は，国家的な利益の増進とともに，沖
縄という地域の経済振興にも直接的な利益をあたえるものでなければならな
い」と県益的な発想によって釘をさされることになる。このような沖縄から
の主張は，国家主導で行われる尖閣列島の「国土」への包摂によって，資源
開発を国益のために用いられるのではないか，という危惧と裏腹であった。

　その後，日本側は，尖閣開発の国益化をめざして強硬な態度をとり，「大
陸棚資源開発促進法」の制定をめざすことになる。この立法によって，従来
の鉱業法を改正し，場合によっては沖縄側の有する鉱業権（原則的には先願
主義にもとづく）を無効にすることまで意図していたとされる。ここでの日
本側の論理は，開発能力のない沖縄に鉱業権の許認可権を認めることの問題
点を指摘し，開発のための資本や技術を有する日本本土の業界によってその
開発を進めるべきだ，というものであった。そして，1970 年 5 月末から実
施された第二次調査団の派遣を機に，日本政府は，開発を国家的事業として
主張することになる。

　このように日本政府が尖閣開発の国益化のために強硬な態度に出るなか，
1970 年 3 月頃から，沖縄側の県益を前面に出した動きが活発化する。その
先頭に立とうとしたのが，琉球政府の通商産業局であった。当初，一致点を
見いだそうとして出された構想は，琉球政府と地元鉱業権者を加えた出資者
によって「沖縄石油開発公団」を設立し，沖縄側が共同で開発を行うという
ものであった。この構想の背景には，沖縄に対するあからさまな差別的対
応への反発を背景とした，県益の実質化ないし具体化の意図があった。

　また，鉱業権者の一人であった大見謝は，鉱業権申請をめぐり対立してい
た古堅を参加させた上記の構想に対して慎重であったが，県益の確保に向け
て独自の動きをみせていた。彼は，5 月 15 日付で「尖閣油田の開発と真相：
その二つの側面」と題するパンフレットを作成し，沖縄各界の有力者へ配布
して協力を呼びかけた。このパンフレットでは，日本政府の動きを「沖縄
に対する伝統的エゴイズムの一端をあらわしたもの」と批判し，尖閣開発に
ついては「単なる一部の人の思惑やあるいは政治的裏面工作などに左右され

るべき性質のものであってはならず，開発は当然住民福祉の向上と繁栄を第一義として行なわれることが肝要である」（大見謝 1970：1）と指摘していた。この県益重視の主張と合わせて，パンフレットの結びでは，以下のように超党派的な取り組みの必要性も強調されていた。

　　尖閣油田の開発の態様如何が，復帰後の自立経済県として沖縄の長き将来の
　　繁栄の命運を決する重大な鍵となることから，住民の意志を代表する立法院
　　をはじめとして市町村会等の地方諸議会，諸団体が超党派的にその問題にと
　　り組み，充分なる力量を発揮すべき時期にあることを最後に強調して本稿の
　　結びとする（同上：18）。

　このような呼びかけに対して，地元紙上で呼応する者などもいたことから，同パンフレットは一定程度の影響を持ち，その後の県益擁護運動の模索につながったと考えられる。[57]第4章までの議論との関わりで重要なのは，上記のような動きが，2・4ゼネスト回避や復帰路線の確定の後，政治的局面において保革対立が先鋭化していった時期と重なっている，という点である。一方で，B52や基地の態様をめぐる選択肢が限定されていくなか，ここでは，「島ぐるみ」を志向する動きも伴いつつ，尖閣開発の可能性が見いだされていったのである。

(2)　県益擁護を掲げてめざされた「島ぐるみ」の運動

　日本政府の動向に加え，1970年8月に入り台湾政府が尖閣列島の領有権を主張したことで，本格的な県益擁護のための「島ぐるみ」の運動が模索されはじめる。その発端となったのは，尖閣列島に地理的に最も近い八重山諸島での動きであった[58]（図12）。

　石垣においては既に同年7月から「尖閣列島を守る会」[59]の準備会結成の動きがあり，県益擁護の立場から大見謝の鉱業権の確定を求め，地元の有力者で八重山教職員会長も務めていた桃原用永石垣市長らが動いていた。[60]この団体の設立過程において，県益擁護とともに強調されたのが，「全琉的な運

第5章　尖閣列島の資源開発をめぐる県益擁護運動の模索と限界　　177

動」や「全琉的な組織」をめざすといった，「島ぐるみ」に向けた動きを進めるスローガンであった。この準備会の段階での訴えは，次の四つとされている。

　　尖閣列島周辺の世界的油田の開発が地元沖縄住民の鉱業権を尊重する企業によつて共同開発され，共存共栄の道を開くことは沖縄が，この油田の開発をとおして人類福祉に寄与することになる。
　　△沖縄の資源の開発促進を訴えよう。
　　△住民の鉱業権を死守し，尖閣油田開発を主体的におし進めよう。
　　△沖縄の完全な経済的自立と自治をかため，72年復帰を実現しよう。
　　△尖閣油田の県民による自主開発に，琉球政府の協力と援助を要請しよう。

　そして，8月に入ると会の結成が具体化し，8日には結成大会が開かれ（市の有志，団体長，市会議員など58名の参加），同会の趣旨や運動方針などが確認された（桃原1986：503）。当時の新聞報道によると，同会は「地方自治の主体性に立って民主的開発を積極的に推進」し，また，「沖縄県民の利益と発展に貢献」することを目的に設立されたと報じられた。

　この報道からもわかる通り，尖閣開発においては，県益擁護とともに「沖縄県民」の主体性の発揮が強く求められた。この八重山での動きに呼応して，8月10日には，革新共闘会議の福地曠昭事務局長が屋良主席に対し「沖縄の資源は県民全体のものであり，県民の利益に沿う方向で開発すべきだ」と要請，これを受けて，8月下旬には琉球政府内で，政府見解についての検討がなされていた。9月に入ると沖縄市長会，沖縄町村長会および各議長会が高等弁務官に対し，石油開発促進について要請を行っている。

　また，教職員会，沖縄町村会，沖縄市長会および沖縄婦人連合会が中心となり「県益擁護」の立場から「全県民の意思を結集していく」ための超党派的な運動も提起された。これらの動きが，9月18日に「沖縄県尖閣列島石油資源等開発促進協議会」（以下，促進協）の発足と，そこで採択された「尖閣列島石油資源の擁護と開発促進に関する要請決議」の提出へとつながって

いった。この「島ぐるみ」をめざした運動を理解するため，促進協の発足の経過と提示された要請決議について詳しくみてみよう。

　上述したように，促進協の発足の中心には，復帰運動を牽引していた教職員会をはじめとする諸団体が名を連ねていたが，これらの団体が尖閣開発に関する独自の調査を経て「県益擁護の立場から全県民の力を結集すべきだとの方針」を打ち出し，結成にいたる。この組織の目的は，「①尖閣列島周辺の石油資源をはじめ沖縄県全域の資源を守り，地方自治の本旨にもとづき，主体的，民主的に資源開発を推進，県民の利益と発展に寄与する②資源および開発に必要な資料収集と調査研究を行ない，県民に対する広報活動を展開，県民の意思を結集する」という点にあった。

　そして，促進協の会長には，当時，那覇市長で沖縄市長会長でもあった平良良松が就き，諸団体のトップが役員を構成していた。この会の結成の動きは，当初，200余りの団体・組織への呼びかけが検討されるほど大きな規模のものであったが，結果的には，46団体の参加によって結成された。2・4ゼネスト時と比べ，中心的な呼びかけ団体は異なっているものの（県労協ではなく教職員会），復帰協の加盟団体を中心とした組織横断的な運動の構築という点では共通していた。

　組織の構成上でとりわけ重要なのは，幹事団体として同盟を含めた横断的な労働組合組織や沖経協など経済界の意向を強く受けた団体も含まれ（琉球農業協同組合連合会（農連）および工連も幹事団体），一定程度，立場を超えた運動体を形成しようとした点だろう。前章で検討したように，2・4ゼネスト決行をめぐってゼネスト阻止を先鋭的に主張していた沖経協が，尖閣開発をめぐる県益擁護の運動には参加をしていたのである。

　また，促進協の発足宣言でもあった要請決議は，日本政府，衆参両院議長，USCARおよび琉球政府にあてられたもので，台湾政府による領有権の主張と，県民の意思を無視した日本本土本位の開発，の二つを憂慮して出されたものであった。これらの現状に対し，要請では，「われわれは，わが沖縄にある資源を復帰後も沖縄の繁栄に役立たしめ，かつ日本経済全体の中においても名誉ある存在たらしめるため」に促進協を発足させた，と述べている。

第5章　尖閣列島の資源開発をめぐる県益擁護運動の模索と限界　179

この要請の4つの項目には，県益という直接の言明こそないが，県益的な発想を表すものであるため引用しておこう。

　　一，　［米国政府および日本政府は］尖閣列島の領有権問題，及び同列島周辺海域をめぐる開発権問題について，中華民国政府に対して，国際法にも違反する不当な行為を即時中止するよう断固たる態度をもって積極的に外交交渉を行ない，沖縄の権利を擁護すること。
　　二，　琉球政府は，尖閣列島の油田が県民の意思にそって主体的，自主的に開発されるように，現在出願中の鉱業権を早急に県民の手に許可すること。
　　三，　琉球政府は，尖閣列島油田のもつ巨大な価値を認識し，長期経済計画の展望にたって，右油田の開発計画を策定すること。
　　四，　米国政府並びに日本政府は，法と民主主義の原則に則って沖縄県民の権利と利益を尊重し，沖縄県民に属する尖閣列島の油田の開発について，不法な行為をせずまたさせないよう万全の措置をとること。[74]

　この第二や第四の要請項目からもみてとれるように，尖閣開発とは，沖縄側の主体性（ないし自主性）や権利・利益を擁護するためのものであった。このような認識は，上述した大見謝の見方と重なりあうものであり，経済的な個別利害に留まらないものとして，県益の擁護を試みるものであった。そして，革新共闘会議や促進協らの県益擁護の要請は，琉球政府による「尖閣列島の領土権についての声明」[75]による主張や，開発株式会社（以下，開発KK）の設立構想へと具体化されてゆく。[76]

(3)　県益擁護運動の挫折とその要因

　結果的にみると，尖閣開発を結集点とした県益擁護の運動は，いわゆる「島ぐるみ闘争」のような広がりをみせる前に限界へと突き当たり，なしくずし的に立ち消えになった。この背景には，当時の政治・経済的な要因だけでなく，国際関係を含めた複数の要因が絡み合っていた。ここでは，これまでの議論から，①資源開発の利権化による開発KK構想の瓦解，②国際的な石油資本の動き，③領有権問題の介在，という三つの主要な要因について言

及しておく。

　第一の点については，開発KK構想への結集が資源開発における主導権争いに覆い隠され利権化した，ということを強調しておく必要がある。沖縄側の鉱業権者には，当初，対立していた大見謝と古堅以外に新里の存在があったが，彼が日本本土の財界の介入を受け，別会社の設立に乗り出したため県益を軸に結集することが困難となった。また，同構想に対し，公団側（この時点では石油資源開発株式会社に改組）と対立していた大見謝が，参加に対して慎重な姿勢をとったことも影響していた。

　第二の点に関しては，日本政府の対応におけるダブルスタンダードの存在を指摘しておく必要がある。この頃，沖縄側の県益擁護の動きに対して，日本政府は，鉱業権処理への協力を目的とした職員派遣を決めていたが，その裏で，日本・米国・台湾による石油資本主導の尖閣開発構想を前提に，自国の資本の動きを追認する姿勢をとっていた。この背景には，台湾政府による尖閣列島の領有権の主張を前提とした米系石油資本（パシフィック・ガルフ社）に対する鉱区の認定があったとされる。日本政府は，沖縄側の県益擁護を建て前としながらも，他国の鉱区認定という既成事実を追認していたのである。

　そして，三つ目の要因として，1970年8月の台湾政府に続き，同年12月には中国政府も領有権の主張を行ったことで，領土問題という国益がせり出し，尖閣開発が棚上げにされたことが挙げられる。おそらく，これが直接的な要因であったと考えられる。当時，日本政府は，エネルギー政策に関連し石油の自主開発をめざしていたが，外交上の対立を懸念し，尖閣開発からは手を引き，また，民間の資本も同様の動きをみせた。このように外交上の関係から国益を重視する動きは，台湾から鉱区認定を受けていたパシフィック・ガルフ社に対して，米国国務省が開発中止を要請し，実際に同社が開発から撤退した事実からもうかがい知れるだろう。

　このように県益の空洞化が生じるなかで，沖縄の側は，琉球政府を中心に県益擁護を再三にわたり強調し続けた。しかしながら，この動きは砂川通産局長を中心とした通商産業局に限定され，県益擁護を目的とした開発KK構

想は，琉球政府内部でのあと押しが全体的に弱かったとされている[83]。その後，1971年8月には，それまで進められていた開発KKの設立に向けた立法勧告も，3人の鉱業権者からの協力が得られなかったため，保留とされた。そこでの通商産業局の考え方は，「鉱業権出願者のうち一人でも同社［開発KK］への参加を拒否するものがあれば，同法の趣旨である"県益の保護"が確保できないため，立法されても効果が期待できない」というものであった[84]。尖閣開発の一連の過程において，促進協の発足や，その動きを受けて琉球政府によって主張された県益擁護は，もはや一致点として機能しなくなっていった。

　最終的には，開発KKの設立に必要な1972年度予算の確保が立ち行かず（要求額50万ドルのうち5万ドルのみを計上）[85]，尖閣開発による県益の追求は，復帰前後の過程において，なしくずし的に立ち消えとなったのである。

まとめと小括

　本章では，「『援助』から『開発』への転換」という変化を踏まえつつ，外資導入の過程における県益・国益論争の展開と，尖閣開発をめぐる県益擁護の運動について検討してきた。

　ここでは，第4章までの「島ぐるみ」の動きに関する検討を受けて，Ⅲで扱った尖閣開発の位置づけについて考察する。経済開発をめぐる「島ぐるみ」の動きは，石油・アルミ外資の導入をめぐる工業化路線の具体化のなかで顕在化してきた。本章では，この点について，外資導入と尖閣開発という二つの事象を取り上げて論じてきたが，この二つの事象における「島ぐるみ」の志向性の現れ方は対照的であった。

　一方の外資導入では，導入の過程における日本政府からの国家的な介入によって，県益を重視する見方が現れ出ていたにも関わらず，「島ぐるみ」をめざす県益擁護の運動には展開しなかった。その背景には，石油企業をめぐり工場建設が具体化されるなか，公害問題が顕在化し，また，地域における工場建設反対運動も激化していたことがあった。それとは対照的に，尖閣開

発は，県益擁護をめぐる「島ぐるみ」の運動へと発展し，経済団体を含めた超党派的な組織の結成にまでいたった。尖閣開発という結集軸は，他の既存の産業や外資導入の過程とは異なり，当初は利害関係も明確ではなく，地域への影響などの具体性を伴わなかったからこそ，逆に人びとを結集させることができたと言える。

　では，この尖閣開発をめぐる県益擁護の運動は，本書のなかで，どのように位置づけられるだろうか。尖閣開発における「島ぐるみ」の動きを理解するには，本章Ⅰで言及した，1960 年代後半からの「『援助』から『開発』への転換」と，ゼネスト回避後の復帰路線の確定（基地の固定化）という二つの背景が重要である。この運動の特殊・歴史性は，基地をめぐる既成事実化の前で，もはや政治的争点での一致点の形成が困難となり，経済的な利益を一致点とせざるをえなかった，という点にある。いわば，この運動は，復帰後の沖縄における「可能性の残された領域」として，経済開発という選択肢をつくり出し，人びとの結集に向けた一致点としようとした，とまとめることができる。

　県益という表出のあり方とも関連するが，尖閣開発をめぐる県益擁護運動の過程からは，次の点が浮き彫りになる。それは，この運動が，尖閣開発を領有権問題という国益に回収させないための沖縄側の実践でありながらも，同時に，国家権力の作用として理解するならば，復帰路線や基地をめぐる争点が幅広い結集点にはなりえず，また，現実が固定化されるなかで，運動の軸を経済的な結集点へとずらすものでもあった，という点である。

　これらを踏まえると，県益擁護運動の帰結は，以下のようにまとめることができる。尖閣開発をめぐる運動は，対抗論理として開発の問題を国益へと回収させないための見方や実践を伴いつつも，限定的で経済主義的な県益擁護を基礎にしたものであったため，開発 KK 構想の挫折に象徴されるように，個別的な利益の追求や利害対立の深まりのなかで分断を余儀なくされた。そのため，結果的には，「島ぐるみ」を持続させるような幅広い結集軸とはならず，自主性や自発性の発揮への道は断たれてしまったのである。言い換えるならば，経済開発を一致点とした県益擁護運動とは，政治的な争点を後景

第5章　尖閣列島の資源開発をめぐる県益擁護運動の模索と限界　183

へと追いやることで成り立つというよりは，その結集点の範囲内で，自主性や自発性をめざすものであった。その意味で，この運動は，すぐれて政治的なものでもあったと言えるが，既に述べた特徴ゆえに，個別的な利害や利益に矮小化されかねない限られた陣地によって立つものでもあった。

　2・4 ゼネスト回避後の県益擁護運動は，復帰路線や基地をめぐる既成事実化に抗う流れではあったものの，狭められた選択肢のなかで，しかも，狭められた陣地において一致点を形成しようと試みたため，「島ぐるみ」の運動としては限界を持っていたと言える。

[註]
⑴　この「県益擁護」とは，「沖縄（県）における利益を確保し守る」というような意味の言葉である。「県益」が主張されたのは，沖縄が「沖縄県」として日本に復帰する前だが，この呼称が当時の報道などで一般的に用いられていた。そのため，本書では，「県益」という語をそのまま用いている。
⑵　町村（2006）は，明治期にカナダの漁村へ移民を進めた和歌山県の「アメリカ村」に言及しているが，戦後，そのような経験が忘れられ，敗戦後の人口増加（過剰人口）への対応はナショナルな単位での開発の徹底によってなされたことを指摘している。
⑶　この「琉球の外資導入方針」については，琉球大学経済研究所「沖縄経済開発の基本と展望」（南方同胞援護会［編］1970：404），亀井正義（1970）および山城新好（1971）の説明を参照のこと。それによると，「この書簡の基調は地元資本の脆弱さに対する配慮もあってか，地元資本の優先，地元企業の保護にあった」（亀井 1970：104）とされ，「原則として外資を奨励し，かつ導入を促進する態度をとりながらも地元企業の保護に配慮する態度を貫いている」（山城 1971：124）と説明されている。
⑷　琉球政府総務局渉外広報部渉外課文書「沖縄における外資導入制度 1967 年 8 月 31 日」沖縄県公文書館所蔵（R00000645B）。この文書によると，この時期の審議の基本的な考え方は，以下の四つとされている。それは，「（イ）島内の天然資源を加工し，輸出物産を製造するもの。（ロ）輸入品に替る物資を生産するもので，現在又は将来において地元の技術又は資本で建設し得る見込みのないもの。（ハ）加工資材の輸入及び再輸出に欠くことのできない外国資本。ただし，再輸出については，地元でこれを行ない得ない場合に限る。（ニ）地元との合弁事業を優先する」の 4 項目である。
⑸　この点については，当時の社会的条件と関連づけた琉球銀行調査部［編］

（1984）の説明が参考となる。それによると、「経済開発の手段として外国資本をはじめ諸々の生産要素を海外から積極的に導入するために自由化体制を採用し、それを通貨面から強化する手段としてドル通貨制へ移行したという見解を示した。軍用地問題を契機に一段と経済的諸条件の向上を重視するものの、沖縄内の資本蓄積等の欠如に加え、基地経済の限界、ガリオア援助の低迷などで開発資金の確保は困難な事態にあったため、外資の活用に着目した」（琉球銀行調査部［編］1984：13）とまとめられている。

(6) これについては、「外資の権限委譲」（『沖タ』社説 1965 年 4 月 22 日）、「外資導入審議会の運営　久高氏が追求」（『沖タ』1965 年 5 月 27 日）、「外資導入　技術導入　権限を委譲　民政府＝指令と布令改正」（『沖タ』1965 年 9 月 2 日夕刊）などを参照のこと。

(7) 『沖タ』1965 年 9 月 2 日夕刊。

(8) 「石油資本の導入と経済」（『沖タ』社説 1967 年 10 月 30 日）では、外資導入の質と量の両面での転換について指摘されている。この時期において、既に外資導入の位置づけについて、「石油産業の導入にあたって、われわれがもっとも関心をよせるのは、貯蔵、精油事業をはじめ関連化学工業がぼっ興したとき、沖縄経済にどれだけの利益が還元されるか、ということだ。沖縄において内資、外資を問わず、近代工業が発達することじたい、経済的に大きな進歩になると思う」という見方が示されており、県益論の原型はできあがっていたと言える。

(9) 琉球政府通産局通商課文書「外資導入審査事項の答申・報告について　外資係」沖縄県公文書館所蔵（R00065229B）。

(10) 当社に対して、1968 年 9 月の外資審にて不許可の答申が出されている（同上）。二つ目の理由に挙げられている阻止陳情については、1966 年 10 月に工連が、鉄工業関係の調査を実施し、そのうえで行っていた（琉球政府企画局総務課文書「外資導入阻止に関する陳情書」沖縄県公文書館所蔵（R00005370B））。

(11) USCAR は、1960 年代後半にかけて、民政関係の多くの部分を琉球政府に移管しており、外資の許認可権もその一つであった。しかし、一方で、この時期においても、USCAR は、経済調査を実施しており（1967 年 6 月）、また、高等弁務官による「外資積極導入」の表明もくり返しなされていた（8 月、12 月）。また、地元経済界も、1967 年に行われた第 2 回沖縄経済振興懇談会（日本政府関係者や日本本土の経済界との懇談会）においても、外資や日本本土からの資本の導入を要望していた。これら以外にも、琉球政府のシンクタンク的な役割を果たしていた琉球大学経済研究所の石油問題研究部会は、1967 年に調査を行い、「石油産業」について、①立地条件、②工業化路線を実現するためのエネルギー源としての役割、③関連産業の振興における役割、といった観点から検討していた。結論として、同産業は、「沖縄経済開発の戦略産業としての役割りを

第5章　尖閣列島の資源開発をめぐる県益擁護運動の模索と限界　185

にない得る最適な産業」と結論づけていた。以上の調査報告については，「石油問題と沖縄経済の開発」（『琉新』1967 年 12 月 19 日，21 ～ 24 日，26 日）を参照のこと。

⑿　「ガルフ社許可に疑惑感ず」（男性・那覇市在住，『琉新』1968 年 1 月 17 日）や「ガルフ社の圧力に屈した主席」（那覇市在住・30 代・公務員，同上）など。

⒀　読者投稿としては，「石油外資許可は一体化にヒビ」（那覇市在住・会社員，『琉新』1968 年 1 月 22 日）を参照のこと。

⒁　『琉新』社説 1968 年 1 月 10 日。

⒂　この経過については，琉球銀行調査部［編］（1984）：1039，国立国会図書館調査及び立法考査局（1971）：273 および沖縄タイムス社［編］（1970）：280 を参考にした。

⒃　このガルフ社認可にいたる経過と日本政府による介入については，戦後日本の石油業界の形成と石油政策との関連など経済史上の重要な論点を含んでいる。本書では，テーマの関係でこの過程の細部には立ち入れないため，帰結のみをまとめた。なお，当該論点については，琉球銀行調査部［編］（1984）および国立国会図書館調査及び立法考査局（1971）に詳しい。

⒄　『沖タ』1970 年 3 月 8 日。

⒅　『琉新』1970 年 2 月 28 日，3 月 2 日および『沖タ』1970 年 3 月 6 日夕刊，5 月 17 日を参考にした。

⒆　この点については，先行研究において触れられていないが，山中貞則総務長官の認可反対という契機も重要となるであろう（「アルコア認可に反対　山中長官，屋良主席に親書」『沖タ』1970 年 6 月 15 日）。

⒇　『沖タ』1970 年 6 月 26 日，27 日および『琉新』1970 年 6 月 27 日。

㉑　『沖タ』1971 年 5 月 14 日。このアルコア社の進出断念後，沖縄アルミの動きも鈍化したが，一方で，地元経済界からは，金秀鉄工の呉屋秀信社長を中心として独自にアルミ業を起す案が出された。その後，金秀鉄工の他 3 社の出資で，「沖縄軽金属株式会社」が，1971 年 6 月に設立された（金秀グループ創業 50 周年記念誌編集委員会［編］1998 および金秀グループ創業 60 周年記念誌編集委員会［編］2007）。

㉒　「良識あるアルミ拒否　迫られる知事の政治的決断」（『沖タ』社説 1972 年 11 月 12 日）および同日の報道記事を参照のこと。

㉓　『沖タ』社説 1969 年 12 月 12 日。

㉔　たとえば，『琉新』は社説において「県民利益を優先的に」として，次のように経済的な領域での自主性の確立を主張している。「復帰後に偏狭な地域主義をふりかざすのは，愚かともいえる。わたしたちのひとつの課題は，あしき“沖縄ナショナリズム”から早急に脱し，精神的にも国民的統合の実を，早急に達

成することである。しかしこのことは，中央へのれい従を意味するのではない。政治，行政における地方分権の遂行とともに，金融，経済の分野においても，地場産業を育成，地方経済開発の観点からする，強い自主性がいぜんとしてつちかわれ，保たれなければならぬ」（『琉新』社説 1970 年 2 月 24 日）。ここでも，復帰ナショナリズム的な見方と自主性が，同時に提示されている。

⑵ 『沖タ』1970 年 3 月 3 日。

⑵ 『沖タ』1970 年 3 月 12 日。

⑵ 砂川通産局長の会見以外にも，『琉新』の社説では，次のように琉球政府の態度と日本政府への批判をあらわにしている。「行政府の基本態度は『沖縄の経済開発にプラスになる外資は積極的に導入したい』ということにある。この外資に対する態度は保守，革新を問わず沖縄の政権にとってはのがれることのできないものである。［中略］政府は『県民の意思を体した経済開発』をうたい文句にしている。外資についても具体的な行動を起こさないでけん制だけをするようなことはやめ『県民の利益』を主眼に前向きの姿勢でとりくむべきではないか」（「外資導入と“県益”と」『琉新』社説 1970 年 3 月 14 日）。

⑵ 「アルコア近く認可　主席，立法院で県益表明へ」（『沖タ』1970 年 6 月 26 日）。

⑵ 「本土アルミも許可　外資審議会“県益主義”重点に　公害防止義務の条件つき」（『沖タ』1970 年 7 月 23 日）。

⑶ 「石油コンビナートの公害」（那覇市在住・会社員，『沖タ』1967 年 8 月 26 日）および「石油コンビナート誘致に反対」（男性・北中城村在住・20 代・会社員，『琉新』1968 年 2 月 6 日）。

⑶ 「石油公害と経済効果は別問題」（男性・那覇市在住・30 代・会社員，『琉新』1970 年 3 月 7 日）。

⑶ 『沖タ』1969 年 11 月 18 日以降の一連の報道を参照のこと。この東洋石油基地闘争について，石油企業の側からは，稲嶺一郎（1969）および琉球石油株式会社［編］（1986）において，社会運動の側からは，沖縄研究会［編］（1971）にまとめられている。

⑶ 『琉新』1971 年 10 月 2 日夕刊，4 日および『沖タ』1971 年 10 月 3 日。事故後，地元紙は，以下のように，両紙とも原油流出に関して社説を出している。「やはり起った原油汚染　開発の犠牲者を保護せよ」（『沖タ』社説 1971 年 10 月 5 日）および「石油流出事故を防げ」（『琉新』社説 1971 年 10 月 5 日）。

⑶ Ⅲの基礎となった拙稿（2012）の公表を受け，最近では，復帰前の琉球政府における尖閣問題の政治的な位置づけについて検討した小松寛（2015），復帰前後の経済構造と自立経済論についてまとめた櫻澤（2014c）および鉱業申請や沖縄石油資源開発株式会社の動向に着目した宮地英敏（2017a・2017b）において，尖閣開発についての言及がなされている。なかでも，最新の宮地による研究は，

日本経済史の視点から，拙稿の取り上げた個別の事象について掘り下げて検討を行っている。ただし，一方で，上記研究は，そもそも本書の課題・視点と異なっている。そのため，本書では，基本的に旧稿の記述をもとに，文書資料とインタビューを追加して再構成するにとどめている。

(35) 『琉新』1966年3月12日および『沖タ』1966年3月12日。この調査結果については，「八重山竹富島を中心とする石油，天然ガス鉱床調査報告書」(1966年3月）にまとめられている（『琉新』1966年3月31日および4月2日)。

(36) 既に，新野は，1960年代初頭にこの海域に着目しており，K.O.Emaryとの共同調査で，石油資源の存在の可能性を論文で指摘していた（浦野2005, K.O.Emary & N.Hiroshi 1961・1968, Kenneth O.Emary et al.,1969)。なお，財界人への要請については，『沖タ』1966年3月4日夕刊を参照のこと。この翌年，新野は，後に調査団に参加する高岡とともに南方同胞援護会の吉田嗣延（しえん）のもとを訪れ，尖閣開発についての施策の必要性を訴えたとされている（吉田1976：220)。

(37) ECAFEは，国際連合の四つの地域委員会のうち，アジア諸国を対象として1947年3月に創設された。主な目的は，アジア地域内における経済の再建と発展の援助とされており，CCOPによる沿海探査もその一環として行われていた(国際連合［編］1968・1972)。

(38) このことは，同報告書が佐藤・ジョンソン会談を受けて実施された経済視察の内容について，「経済に関する本土・沖縄一体化施策の推進に資する」(南方同胞援護会［編］1970：8）ことを目的としてまとめられた点からもうかがい知れる。

(39) 沖縄側では，エネルギー開発の面が強調された。1969年12月に提出された琉球政府の「長期経済開発計画の基本構想（案)」の「3計画の基本課題」において「将来におけるエネルギーの主力としての原子力発電所の建設について検討する必要があり，尖閣列島周辺の大陸棚の鉱物資源についても引続き積極的に調査を推進する必要がある」(南方同胞援護会［編］1970：353）とされた。この路線は，翌年9月に正式発表された「長期経済開発計画」においても引き継がれた。

(40) 石油開発公団は，1967年に日本政府の全額出資で設立された特殊法人である。当時の通産省は，石油の自主開発という路線をとっていたが，公団設立の目的の一つは，この自主開発を推進することにあった。

(41) 『琉新』1969年2月19日。

(42) 『琉新』1969年2月21日夕刊。

(43) 同上。

(44) 「尖閣列島第二部・海底油田の可能性〈13〉どうなる“先願権”複雑にからみ合

う国県益」（『沖夕』1970 年 9 月 17 日）。この特集記事でまとめられている申請
状況では，大見謝は 5,527 件，新里が 11,073 件，古堅が 7,611 件となっている。
また，新里は，1970 年 9 月に「尖閣列島の油田開発について」という文書を出
し，油田の早期開発について訴えていた（新里 1970）。なお，本文書は，作成の
動機や目的などについての記述がないため，どのようなかたちで配布されたの
かは不明である。

⑷ 『沖夕』1969 年 2 月 24 日。

⑷ 『時報』1969 年 3 月 17 ～ 21 日。

⑷ 「鉱業権申請をめぐって」（『琉新』1969 年 2 月 27 日）。

⑷ 「尖閣列島の油田が教えるもの」（『沖夕』1969 年 2 月 28 日）。

⑷ 竹内宏（1996）および『沖夕』2011 年 3 月 23 日において示された認識を参照
のこと。

⑸ 『沖夕』1969 年 6 月 1 日。

⑸ 『沖夕』1969 年 7 月 9 日。

⑸ 「有望になる石油資源　沖縄経済の発展に寄与か」（『沖夕』社説 1969 年 7 月
10 日）。

⑸ 『沖夕』1970 年 3 月 21 日および 4 月 12 日。また，この強硬路線を裏打ちする
ように，山中総務長官は地元経済界と懇談をもち，日本政府主導の開発を主張
していた（『琉新』1970 年 5 月 21 日）。

⑸ この調査団の報告については，東海大学（1971）を参照のこと。

⑸ 『沖夕』1970 年 3 月 27 日および 30 日。

⑸ 大見謝は，パンフレットの発行の趣旨をつづった「趣意書：尖閣油田につい
ての真相を明らかにし識者の皆様の御理解と御協力を訴える」を配布の際に同
封し，訴えていた。この大見謝パンフは，沖縄県公文書館の平良幸市文書に所
蔵されていることから，地元の有力者に配布されていたと考えられる（平良は
立法院議員・沖縄県議会議員を経て沖縄県知事を務めた政治家）。現在の調査で
は，上記以外に，当時，コザ市長であった大山の個人資料においても同パンフ
が確認されている（目録タイトル「冊子『尖閣油田の開発と真相—その二つの
側面』」・沖縄国際大学南島文化研究所所蔵・大山朝常文書・箱 17-5-21）。

⑸ 元首里市長の仲吉良光は，『沖夕』の論壇において「尖閣列島の大油田開発」
と題し，大見謝の構想を評価している（『沖夕』1970 年 9 月 8 日夕刊および 9 日
夕刊）。

⑸ ペルシャ資源開発の元従業員 K のインタビューでも，八重山諸島での動きが
発端となったことが指摘されている（2011 年 9 月 14 日）。文書資料では確認で
きていないが，前年から八重山では事務所設立などの動きがあったとされる。

⑸ 正式名称は「沖縄県尖閣列島周辺の石油資源開発促進協議会」である。会の

第5章　尖閣列島の資源開発をめぐる県益擁護運動の模索と限界　189

趣旨や会則（案）などについては，1970 年 9 月 30 日付の USCAR 渉外局から経済局宛の文書を参照のこと。会則（案）によると，会の目的と事業は以下のように規定されている。まず，会の目的としては「本会は尖閣列島周辺の石油資源を守り，地方自治の主体性に立つて，その民主的開発を積極的に推進し，沖縄県民の利益と発展に貢献することを目的とする」とされている。この目的を達成するための事業としては，四つが挙げられており，「1 資源及びその開発に必要な資料の収集，研究，広報活動 2 政府，立法院，その他必要な筋への陳情，要請または折衝 3 会員の獲得，署名，カンパ運動の展開充実 4 その他目的達成のための諸事業」とされている。以上は，USCAR 渉外局文書 Senkaku. Oil Resources.，沖縄県公文書館所蔵（U81100073B）。

⑹　『八重山毎日』1970 年 8 月 5 日および 8 月 8 日。

⑹　『八重山毎日』同上および『琉新』1970 年 8 月 9 日。

⑹　USCAR 渉 外 局 文 書 Senkaku. Oil Resources.，沖 縄 県 公 文 書 館 所 蔵（U81100073B）。

⑹　『八重山毎日』1970 年 8 月 9 日。

⑹　福地へのインタビューによると，八重山で運動を進めていた桃原からの打診があったとされる（2011 年 9 月 10 日）。

⑹　『沖タ』1970 年 8 月 11 日。屋良日誌では，この日，金城 睦 弁護士が尖閣列島の鉱業権の件で来訪したことが記されている（屋良 1970：133）。

⑹　屋良日誌によると，8 月 28 日には，関連部局の局長らが参加し，政府見解の表明に関して議論したとされている（屋良 1970：149）。

⑹　USCAR 渉 外 局 文 書 Senkaku. Oil Resources.，沖 縄 県 公 文 書 館 所 蔵（U81100073B）。

⑹　『沖タ』1970 年 9 月 15 日。また，福地へのインタビューによると，復帰前，教職員会は，さまざまな課題においてまとめ役を果たしていたが，尖閣開発をめぐる運動においても同様であったという（2011 年 9 月 10 日）。

⑹　『沖タ』1970 年 9 月 19 日。町村会の記録によると，9 月 17 日の臨時総会で促進協について議論されていることから，同組織の結成は，かなりの急ピッチで進められたことがわかる（沖縄県町村会 30 年のあゆみ編集委員会 1978：127）。

⑺　『沖タ』1970 年 9 月 19 日。

⑺　『沖タ』1970 年 9 月 15 日。

⑺　『沖タ』1970 年 9 月 19 日および『琉新』1970 年 9 月 19 日。

⑺　『沖タ』1970 年 9 月 19 日。

⑺　同上。

⑺　『沖タ』1970 年 9 月 11 日。声明全文は，南方同胞援護会［編］(1972)：626-629 を参照のこと。

(76) 『沖タ』1970 年 9 月 27 日および 10 月 24 日。

(77) 『沖タ』1970 年 11 月 6 日。

(78) 『沖タ』1970 年 11 月 29 日。

(79) 『沖タ』1970 年 8 月 2 日。

(80) 台湾政府および中国政府の領有権の主張については，浦野（2005）の［資料 12］および［資料 13］を参照のこと。

(81) 『沖タ』1971 年 2 月 8 日。

(82) 『沖タ』1971 年 4 月 9 日。

(83) ペルシャ資源開発の元従業員 K のインタビューより（2011 年 9 月 14 日）。

(84) 『琉新』1971 年 8 月 7 日。

(85) 『沖タ』1972 年 2 月 21 日。

終章 「島ぐるみ」の運動からみえるもの

　本書では，五つの章にわたって，復帰前の「島ぐるみ」の運動について，基地社会の諸相と歴史的背景を明らかにしつつ，そのありように迫ってきた。終章では，最初に，各章で明らかにしてきた要点を本書全体のテーマとの関連で簡潔にまとめたうえで，序章で述べた二つの問い（課題）に応答するかたちで，本書の結論を示したい。

1　本論全体のまとめ

　ここでは，各章で明らかにした内容をまとめてみよう（表4）。

　第1章と第2章では，本書で対象としたB52撤去運動と経済開発をめぐる「島ぐるみ」の動きの社会構造的および歴史的な条件について明らかにした。従来，1960年代後半以降の時期は，「島ぐるみ闘争」が保革対立の顕在化によって困難になったとされるが，そこには，選挙などをめぐる政治的な局面での対立だけでなく，復帰路線や基地への態度を問うかたちで，身近な経済活動をどのように捉えるのか，という認識上の対立の深まりもまた存在していた。

　特に第2章では，1967年9月以降の即時復帰反対論から，翌年のイモ・ハダシ論への展開を追いながら，上記の対立の局面について描いた。そこにおいて重要なのは，即時復帰が回避され，また，同時に経済的な面も含めた一体化政策が確立される過程で（1967年11月の佐藤・ジョンソン会談まで），対立の焦点が「復帰への態度」から「基地への態度」へと収斂され，「基地反対か経済か」の選択を迫るイモ・ハダシ論が浮上してきた，という点である。第3章以降で検討した「島ぐるみ」の運動は，まさにこのような「対立の深まり」という条件のもとで展開された。

　第3章と第4章では，イモ・ハダシ論に象徴される「対立の深まり」のなかでめざされた「島ぐるみ」の動きについて，B52爆発事故後の嘉手納での

表4 「島ぐるみ」の動きにおける焦点と生活・生存 (生命) をめぐる対立点

	「島ぐるみ」の動きの焦点		生活・生存 (生命) をめぐる対立点
B52常駐化以前【第1～3章】	・ベトナム戦争の影響，基地被害の増加 (1966年頃～)。 ・教公二法阻止闘争 (1966～67年) →保革対立の顕在化による「島ぐるみ闘争」の困難化＋生活をめぐる対立 (右)。 ・佐藤・ジョンソン会談 (1967年11月) 後，経済的な一体化路線が確定。**「援助」から「開発」への転換。**		・即時復帰による生活への影響を主張 (即時復帰反対論の展開，1967年9月～11月)。
B52常駐化以後【第2・3章】	・B52の常駐化 (1968年2月) ～B52爆発事故発生 (11月)。 ・嘉手納村長選挙 (8月)～主席公選選挙(11月)。	⇒B52常駐化への抗議。 ⇒爆発事故後，イモ・ハダシ論の展開のなか広がるB52撤去運動 (「生命」が焦点に)。	・基地撤去による経済活動への影響を主張(イモ・ハダシ論，1968年6月～11月)。**復帰から基地への争点の転換と対立の深まり。**
ゼネストまで【第3・4章】	・B52撤去運動の盛り上がりと2・4ゼネストの決行準備 (1969年1～2月)。	⇒「生命を守る」ことを掲げた「島ぐるみ」の運動の追及と挫折 (ゼネストの回避)。	・経済的混乱と損失 (経済界)や「生活の破壊」(地域) への不安を理由とした2・4ゼネストの回避。
ゼネスト回避後【第5章】	・外資導入や尖閣列島の資源開発をめぐる経済的利益や豊かさの追求。	⇒県益擁護運動の高まり。	・経済開発による県益や経済的な豊かさへ焦点が当たる。開発による自主性・主体性の発揮。

撤去運動から，その後のゼネスト回避にいたる過程に着目し，検証した (1967～69年)。ここでは，嘉手納という地域からの「島ぐるみ」に向かう動きに焦点を当てたことで，B52爆発事故によって喚起された生活や生存 (生命) への危機のありようを二つの面から把握することができた。

　一つ目の側面は，そこでの危機が，B52爆発事故による「一時的な」ものではなく，くり返される米軍機事故や基地被害に対する不安と，抗議運動の蓄積の延長線上で認識されたものであった，という点である。加えて，もう一つの側面として指摘しておく必要があるのは，B52爆発事故の与えた衝撃

は，ベトナム戦争の激化によって「生活に戦争が入り込む」という状況と，核兵器への恐怖とがあいまって，いっそう深められた生活や生存（生命）への危機であった点である。

ゼネストまでめざしたB52撤去運動では，「生命を守る」ことが一致点とされたが，ここでの人びとの要求は，生活や生存（生命）への上記のような危機があらわになっていたからこそ，広範なものとして広がっていったと言える。だが，「島ぐるみ」でめざした2・4ゼネストは，前年の主席公選選挙において革新勢力の代表とされた屋良の当選などを背景とした保革対立の先鋭化と，嘉手納や経済界から発せられたゼネストへの反発（経済的な混乱や損失を強調）もあらわになるなかで分断にさらされ，回避されるにいたった。本書での議論は，ゼネスト回避における屋良主席や運動団体内での動きを中心としてきた従来の議論に対し，B52爆発事故後の一連の過程として地域を軸に検証した点で，新たな視座と知見を加えるものである。

最後の第5章では，2・4ゼネストが回避されて以降，浮上してきた経済開発をめぐる県益擁護の運動について検討した。B52撤去や復帰のあり方といった政治的な局面での「島ぐるみ」の動きが困難となるなか，経済開発に可能性を託し，自立経済や「豊かさ」を求めたのが，県益擁護運動としての「島ぐるみ」の動きであった。

この動きの背景には，1967年以降に進められた一体化政策とも関連し，沖縄経済の基調が「『援助』から『開発』への転換」によって，主体的に関与することが可能な領域として開発が浮上しはじめた，という変化があった。この章では，政治的局面での選択肢の狭まりのなか，経済開発が新たな選択肢と捉えられ，沖縄にとっての利益（県益）を打ち出しつつ経済開発を進めようとした過程について，工業化路線を具体化した外資導入と，その後の尖閣開発を対象に明らかにした。ここでの要点は，県益擁護運動としての「島ぐるみ」の動きは，日米両政府のペースで進む返還政策や基地をめぐる既成事実化に抗うものではあったが，日本政府を中心とした国益の論理の強硬的な主張や，一致点とされた経済的利益（尖閣開発）の個別的利害への矮小化といった分断によって限界性をあらわにした，という点である。

194

以上が，各章において扱ってきたことの要点である。

2　日本復帰前における「島ぐるみ」の運動とはなにか

続く2と3では，序章で提示した問い（課題）へ応答してみよう。

本書における一つ目の問い（課題）は，保革対立が顕在化し，いわゆる「島ぐるみ闘争」が困難になったとされる復帰前の時期において，「島ぐるみ」をめざす運動（や志向性を含めた動き）の契機と過程を明らかにすることであった。終章では，本論で検討してきた「島ぐるみ」の動きの歴史的な位置づけについて，基地社会のなかでの占領体験の内実と，「島ぐるみ」の動きにおける一致点の「生命」から「県益」への転換の意味合い，という二つの論点に即して検討する（表4も参照）。

(1)　日本復帰前の占領体験の二つの局面

まず，ここでは，「島ぐるみ」の動きの前提ともなった基地社会における占領体験について考察してみたい。本書では，「出来事そのもの」と「地域」へ着目したことで，復帰前の占領体験について二つの異なる局面から，明らかにすることができた。

その第一の局面は，コザの基地関連業者の声として発せられた即時復帰反対論から，イモ・ハダシ論へといたるなかで顕在化した，復帰路線や基地への態度と生活をめぐる対立である。この時期には，保革対立の深まりとも関わりつつ，復帰のあり方が不明確なことからくる生活への不安と，貧困に陥るのではないかという危機感が現れ出た。当初，これらの不安や危機感は，即時復帰への態度として問われたが，1967年11月の佐藤・ジョンソン会談による即時復帰の見送りと，復帰に向けた経済的な一体化策が具体化され，同時に，主席公選選挙が政治的な日程にのぼるなか，身近な生活をめぐって復帰から基地への争点の転換が生じた。本書の第2章では，担い手を同じくしながらも，即反協から「守る会」を経て，保革対立の様相を帯びる選挙のなか，「基地反対か経済か」という選択が社会的な対立点として浮上してくる過程を描いた。

終章 「島ぐるみ」の運動からみえるもの　195

　ただし，イモ・ハダシ論が迫る上述の二者択一の論理は，すんなりと受け入れられたものではなく，まさに「地域」において深まっていた占領による生活や生存（生命）への危機感と，緊張関係をもつものであった。この占領によりもたらされた危機感が，第二の局面であり，第3章および第4章で検討した。そこでの危機感とは，沖縄がベトナム戦争の前線基地化するなかで，嘉手納における基地被害の激化を背景に，生活へと忍び寄る戦争に対する恐怖と拒否感として「地域」の人びとに抱かれていた。この局面は，「生活や生存（生命）への危機の深まり」と表現できる。

　そして，この深められた危機感は，ベトナム戦争と結びつけられた「戦場」への想起による戦争そのものへの恐怖であると同時に，「戦争へ加担してしまっているのではないか」という声も一部には伴うものであった。しかも，1968年2月から常駐しはじめたB52が，核兵器の搭載可能な爆撃機であり，また，嘉手納基地周辺に核貯蔵庫が存在していたという事実は，核兵器への恐怖をも人びとに与えることとなった。本書の冒頭で示した古謝の言葉と，その後の彼のB52撤去運動への積極的な参加は，まさにそのような「危機の深まり」のなかで，村民の声を聞き，「B52即時撤去」（一時は「基地撤去」にまで言及）という選択肢をつくり出そうとするものであった。この時期に生活や生存（生命）が結集点となった背景には，占領の継続により基地被害が積み重ねられてきただけでなく，以上でみた「危機の深まり」をめぐる質的な変化が存在していたと言える。

　しかしながら，そのなかでも，経済界や当初B52撤去運動を進めた嘉手納からは，ゼネストという抗議のあり方に対して，身近な経済活動を優先する声があがり，「島ぐるみ」の動きは分断にさらされていくことになった。本書では，コザや嘉手納といった「地域」と，「島ぐるみ」の動きをめぐる「出来事そのもの」に着目したことで，時に対立や緊張関係をはらむような，生活や生存（生命）をめぐる人びとの認識と態度を明らかにできた。

⑵　「島ぐるみ」の動きをめぐる一致点の転換：「生命」から「県益」へ

　次に，第二の論点について考えてみたい。ゼネスト回避後，「島ぐるみ」

をめぐる動きは，そこで消失したわけではなく，経済開発による自立経済や「豊かさ」の達成という異なる一致点のもと，再び「島ぐるみ」をめざしていった。この復帰直前の「島ぐるみ」の動きを考察する際には，B52撤去運動における「生命を守る」という結集点が，尖閣開発において「県益」へと転換したことの意味合いについて検討する必要がある。いわば，「島ぐるみ」を駆動させた一致点の性格がどのようなものであり，その転換がなにをもたらしたのか，ということである。

　この論点に関連して，「代替可能性／不可能性」という視点から考察すると，1950年代の「島ぐるみ闘争」（土地闘争）との連続点／断絶点も明確となる。土地闘争とB52撤去運動において一致点となったのは，いずれも「土地」や「生命」という，人びとにとって他の事物とは取り替えることが不可能な対象であった（代替不可能なもの）。であるからこそ，それらの対象は，政治的ないし経済的な対立に左右されることなく，守られるべきものとされたのである。B52撤去運動において「生命を守る」ことが，「政治以前」の問題であると強調されたのは，まさにこの「代替不可能性」を根拠としていた。本書の第3章と第4章で検討した，B52撤去運動からゼネストにいたる過程で焦点として浮かび上がったのは，まさにこの代替不可能な「生命」という一致点であり，このような性格をもっていたからこそ，その要求は幅広い人びとに浸透していったと言える。

　では，ゼネスト回避後，「生命」という一致点での運動が分断にさらされ，「県益」へとシフトしていったことの意味はどのようなものであったのだろうか。当初，外資導入が「県益」の一つとして浮上し，その後，尖閣開発に注目が集まったことからもわかる通り，この過程での一致点は，代替可能な開発という選択肢のなかから選ばれたものであった。結論的に言えば，ここでは，代替不可能な「生命」という一致点から，さまざまな選択肢のある開発という一致点へと転換したと言えるだろう。

　ただし，このような開発をめぐる「島ぐるみ」の動きは，新たな選択肢の発見という主体的な試みではあったが，それは同時に，無条件な選択ではあり得なかった。2・4ゼネスト回避後に浮上した開発の対象は，サトウキビ

産業といった既存の産業ではなく，外資導入の過程で新たに具体性を帯びた工業化路線であった。そこでは，明確な業界が確立しておらず，利害関係や権力関係がいまだ曖昧であったからこそ，一致点としてまとまることが可能であった。

しかしながら，一方の外資導入では，石油工場の建設などが具体化するなか地域での対立が深まり，また，公害問題も顕在化したことから，「島ぐるみ」の動きにはいたらなかった。それに対して，尖閣開発においては，「沖縄発展の夢」という具体性の伴わない一致点を対象としていたがゆえに，工連や沖経協などの経済団体から運動団体までを含めた「島ぐるみ」での県益擁護運動が展開されたのである。しかし，この開発においても，その「夢」自体は，鉱業権者同士の対立や，日本政府を交えた主導権争いの顕在化のもと，個別的な利益への矮小化という隘路に突き当たるなかで，人びとの支持を失っていったのである。

とはいえ，この「島ぐるみ」の動きは，尖閣開発といった個別の開発の終息によって，終りをむかえたわけではなく，復帰後の現実を規定していくものでもあった。復帰後において，経済活動による「県益」や「豊かさ」の追求を結集点とせざるをえない状況は，さらに強化されていったと考えられる（その典型が復帰後の沖縄振興開発計画に示された「本土との格差是正」）。こう考えてくると，1969 年頃から顕在化した県益・国益論争や尖閣開発は，「島ぐるみ」の動きにおいて「可能性の残された領域」であったと同時に，復帰後の開発主義国家への統合と密接な関わりをもち，まさにその端緒になったとも言えるだろう。

(3) 日本復帰前の「島ぐるみ」の運動の歴史性とその位置づけ

最後に，ここでは，以上の考察を受け，復帰前の「島ぐるみ」の運動の歴史性と位置づけについて，「島ぐるみ闘争」との相違も含めてまとめてみよう。1950 年代後半の「島ぐるみ闘争」の過程では，一方で，基地拡張のための土地接収は継続し，四原則という一致点における結集が困難となりながらも，地代の一括払いの撤回をめぐり米国政府とのギリギリの対抗軸が成り

立っていた。そこでは，「土地を守る」という代替不可能な要求が，抵抗のための一線として堅持されていたと言える。

それに対して，復帰前の「島ぐるみ」の運動においては，2・4ゼネスト回避以降，基地の固定化という既成事実化のなか「生命を守る」という代替不可能なはずの要求はたなざらしにされたまま，「可能性の残された領域」としての開発に対して，新たに自主性や主体性が託されていった。この代替不可能なもの（「生命を守る」）から，代替可能なもの（「県益」や「豊かさ」）への一致点の転換は，復帰後，島袋（2010・2014）が指摘したような基地問題の「非争点化」と，沖縄開発庁を中心としたさまざまな経済開発として制度化されていったと考えられる。

そのため，本書で扱ってきた復帰前の「島ぐるみ」の動きは，異なる二つの側面をあわせもっていたと言えるだろう。それは，一面で，自らの選択肢を示そうとする自主性・主体性の「復帰前に特有」の現れであったと同時に，「県益」や「豊かさ」といった経済的利益を前景化させたという意味で，復帰後の日本国家による開発主義的な統治へと呼応するかたちで展開していった，という両面性である。ただ，この両面性を指摘しつつも，同時に，基地を維持したまま「成し遂げられた」復帰は，基地をめぐる生活や生存（生命）への危機そのものを解消したわけではなかった，という点を改めて強調しておかねばならない。

そうであったからこそ，復帰後も，基地あるがゆえの危機に直面する度に，「生命を守る」という代替不可能な要求は，日米政府による統治のあり方への異議申し立てを伴って，幾度となく提示されてきたと言える。現在の「オール沖縄」や「島ぐるみ」の運動もまた，この「生命を守る」という根源的な要求の現代的な現れとして，歴史的に（かつ実践的にも）捉え返していく必要があるだろう。その意味で，沖縄における占領体験は，いまだ過去のものではなく，現在進行形で語られねばならないのである。

3　基地社会における「生活・生命への想い」のありよう

本書の二つ目の問い（課題）は，基地社会のなかで形成された，身近な生

終章 「島ぐるみ」の運動からみえるもの　199

活や生存（生命）に対する認識のありようを明らかにすることであった。こ
こでは，基地をめぐる認識や態度のありようを「生活・生命への想い」と捉
え，「島ぐるみ」の運動と関連づけて歴史的な変遷をたどってきたが，その
特徴について，結論的に次の二つの点を指摘しておく。

　一つ目の特徴は，即時復帰反対論からイモ・ハダシ論にいたる論争の系譜
における，「非現実性」への批判や「具体性」の強調が，基地をめぐる認識
を狭い意味での生活（経済活動）への認識に狭めていくものであった，とい
う点である。1960年代後半においては，政治的な局面での保革対立の顕在
化だけでなく，このような「生活・生命への想い」の狭まりのなか，イモ・
ハダシ論の提示したような「基地反対か経済か」の二者択一が迫られたので
ある。このような動きの背景には，占領統治を行う側の思惑だけでなく，基
地の撤去や縮小によって，経済活動が立ち行かなくなることへの不安を背景
とした，経済団体や基地関連業者の動きも存在していた。しかしながら，本
書で明らかにしてきたように，ここでの生活の意味合いは，狭い意味での経
済活動にだけ限定されたものではなかった。

　この点と関連して，本書では，もう一つの「生活・生命への想い」の特徴
として，その重層性を指摘しておきたい。そこには，大きくいって三つの層
が存在している。それは，第一に，上述のようなイモ・ハダシ論に象徴され
る，狭い意味での生活（経済活動）を意味する領域，第二に，基地被害への
怒りや恐怖を感受するより広い意味での生活（暮らし）に関わる領域，そし
て，最後に，B52爆発事故後の撤去運動において表出した生存そのもの（生
命）を重視する領域，の三つである。ただし，実際の現れは，本書において
検討してきたように，三つの領域は単純に分割できるものではなく，相互に
関連しあっていた。

　たとえば，第2章で検討した即時復帰反対論は，上記の観点からすると，
一つ目に指摘した経済活動を優先する認識ではあるが，同時に「貧しさ」や
「難民」といった表現に示されていたように，暮らしていくことそのものへ
の危機を感受するという意味で，より広い意味での生活にも関わる認識であ
った。その点からすると，即時復帰反対論の論理は，基地撤去を否定的に捉

え，二者択一を迫る「基地反対か経済か」という論理とは若干異なるものと言える。

この二つの特徴を踏まえ，最後に次のことを強調しておきたい。それは，「基地がなくなれば経済活動が成り立たなくなる」というイモ・ハダシ論の論理は，本質的なものでも，また，支配的なものでもなく，生活や生存（生命）をめぐる緊張関係（妥協，対立，拒否など）のなかで形成されてきたものであった，という点である。そして，この生活や生存（生命）に関わる認識を支えていたのは，まさに，戦後も基地被害などによって想起された沖縄戦をめぐる戦争体験であり，また，占領のなかで突きつけられてきた暴力そのものであった（上記2で扱った占領体験）。

大門正克（2012）によると，戦後日本の「生活」「いのち」「生存」をめぐる運動は，1960年代半ばから70年代にかけてヘゲモニー争奪の場となり，高度経済成長下の私生活主義を背景に「生活」という争点は後景に退いたとしている。しかし，沖縄においては，基地社会という条件のもと，生活と生存（生命）という領域は重層的に重なりあいつつ，密接不可分なものとして，歴史的にも，同時代的にもあり続けている。そのことは，現在，基地関連の経済活動の比重は小さくなり，「もはや基地経済ではない」と言われるなかでさえ，くり返しイモ・ハダシ論的な認識[1]が持ち出されることからもわかるだろう。この現状に対しては，本書で明らかにした，生活と生存（生命）の重層性を踏まえた，歴史的な視座からの批判が求められる。

4　本書において残された課題

ここでは，最後に，本書において残された課題について触れておきたい。

本書では復帰直前の「島ぐるみ」の運動を対象としたが，今後の研究では，次の四つの課題についてさらに検討していく必要がある。

第一の課題は，復帰後から現代にまで歴史的なスパンを広げ，沖縄における経済開発の矛盾が顕在化したCTS闘争や沖縄国際海洋博覧会の開催を経て，1980年代のいわゆる「保守化」（新崎2005b）や90年代の基地反対運動にいかにつながっていったのか，を歴史的な視座から明らかにすることであ

る。先に，尖閣開発などの「島ぐるみ」の動きを開発主義国家への統合の端緒と捉えたが，ここでの課題は，復帰後の経済的な「豊かさ」が人びとの認識としてどのように浸透したのか，また，そのなかでも抱かれていた生活や生存（生命）に関わる認識がどのようなものであったのか，といった諸点を主な論点としている。

　第二の課題は，現代における「島ぐるみ」の運動の構造的な背景に迫る，というものである。イモ・ハダシ論的な認識が，基地と密接な産業とされてきた建設業界のなかでも否定されたのは（まだ一部の企業・グループではあるものの），どのような社会・経済的な変動によるものなのか。この素朴でありながらも，重要なテーマについては，戦後沖縄の建設業および建設業界の政治経済史的な研究によって，詳細に解明していく必要がある。既に予備的な作業は，拙稿（2015b・2016b）において行っているが，そこで明らかにしたのは，建設業界による「島ぐるみ」の運動への参加の背景に，復帰後，基地関連の受注を含めた公共事業への依存が業界内の構造的な問題として認識されたことがあった。近年の選挙（国政や県知事選）における建設業界の対応の変化は，このような経済的な面での変化を含めて，理解する必要がある。上記のテーマを正面から検討した研究はほとんどないため，今後，さらなる実証的ないし歴史的な研究が必要となるであろう。

　第三の課題は，「島ぐるみ」の運動や人びとの認識のありようについて，地域史ないし地域比較史の観点から深めていくことである。現在の沖縄戦後史研究においては，一方で，市町村史の編さんを通した地域史の蓄積が相当な数ある反面で，研究者の関心はコザなど特定の研究対象（地域）に偏ってきた。本書では，テーマとの関連で概略を示したに過ぎないが，コザの地域構造と嘉手納の地域構造との歴史的な比較，そこから見えてくる基地との関わりや「生活・生命への想い」の相違など，明らかにすべきテーマは多々あるだろう。今後は，本書の問題関心や明らかにした知見も踏まえつつ，コザや嘉手納にとどまらず，基地社会の歴史的な形成について，さらにローカルな視点で明らかにしていきたい。

　最後の課題としては，本書の到達点や，既に述べた三つの課題をより普遍

的な視座からまとめあげていくため，「東アジアにおける冷戦とはなにか」や「占領経験とはなにか」といったテーマにも踏み込んでいきたい。これらのテーマは多岐にわたっているが，理論的な考察や占領下における経済活動と政治との関わり（植民地経済およびポスト植民地経済）といった社会構造的な分析とともに，本書で重視した，占領のもとで生きる人びとの「想い」や「葛藤」にも迫っていきたい。その対象には，東アジアという地域や，米国・米軍基地との関わりから，グアム・ハワイ・プエルトリコ・フィリピン・ドイツ・韓国などが，占領というテーマとの関わりから，イスラエルによる占領状態の続くパレスチナなどが挙げられるだろう。この全てを網羅することは到底できないが，戦後沖縄の「占領経験」の意味をより深く掘り下げていくためにも，多くの歴史的経験に学ぶ必要があろう。

　以上，今後の研究では，これら四つの課題を通して，戦後沖縄における「島ぐるみ」の動きのありようや，そこに伴われている基地と生活・生存（生命）をめぐる多様な認識や運動を，社会・経済構造の変容ともあわせて，より豊富なかたちで浮き彫りにしていきたい。

　［註］
　(1)　近年でも，高校生向けの教科書記述において，基地依存度が「きわめて高い」とする記述が盛り込まれるなど，イモ・ハダシ論的な論理はくり返し提示され続けている（『沖タ』2016年3月20日ほか）。

あとがき

　筆者が，本書における中心的な問題関心の一つをまとめた「日本復帰前後の沖縄における島ぐるみの運動の模索と限界：尖閣列島の資源開発をめぐる運動がめざしたもの」（『一橋社会科学』4）を 2012 年に発表してから，5 年以上の月日が経過した。上記の論文発表以降の沖縄をめぐる動きはめまぐるしいものであったが，2014 年 4 月に生まれ故郷である沖縄に居を移し，普天間基地の隣にある沖縄国際大学で非常勤講師として勤めながら博士論文をまとめられたことに，まず感謝したいと思う。

　本書は，2016 年度に一橋大学大学院社会学研究科に提出した博士論文「日本復帰前の沖縄における島ぐるみの運動の模索と限界：B52 撤去運動から尖閣列島の資源開発にいたる過程に着目して」を改稿したものである。改稿にあたっては，旧稿の構成や叙述内容を基本的に維持しつつも，読みやすさを考えて序章の記述の一部を「はじめに」と第 1 章として独立させるなど若干の変更を施している。

＊

　思い返してみれば，本書の執筆にいたる道のりは，長く険しいものであったが，同時に「沖縄との出会い直し」と，多くの友人たちとの出会いという幸運に恵まれたものでもあった。私事を長々と書き連ねることは本書の内容から逸脱するとしても，「あとがき」として，ここで取り上げてきたテーマになぜこだわり続け，そこになにを見いだそうとしてきたのか，を書いておくことは内容の理解のうえでも必要なことのように思う。

　「沖縄との出会い直し」と書いたが，まさにそれを自覚し，博士論文を執筆するという行為そのものが，「社会」や「沖縄」へと向き合っていく過程でもあった。ふりかえってみると，最初の「社会」や「沖縄」への接点は，ちょうど小学校から中学校へと進む頃，沖縄での「少女暴行事件」，オウム事件や阪神・淡路大震災が重なった「1995 年」という年を経験し，平和学習の先進的な地域であった地元南風原で，「地域と戦争」や「地域と平和」

といったテーマを学ぶ機会に恵まれたことにあったと思う。

　ただ，そのことが，ストレートにいまの問題関心に結びついたわけではなかった。高校を卒業し，2002 年 4 月に東京都立大学（都立大）へ進学するために上京した。いまでこそ社会学や社会科学を専攻しているが，進学先の学部は法学部で，ばく然と法曹関係の仕事に就きたいと願い，沖縄からは少し距離を取って生きていくのだろうと思っていた。というのも，大学に進学した当時は，一方で，2000 年代初頭の沖縄ブームのなか，「沖縄出身なんだ〜。いいね！」という肯定的なまなざしに気恥ずかしさと違和感を感じ，また，沖縄戦や基地のことを「考え続けないといけない」と思いながらも，同時に，そのこと自体の「重さ」（難しさや辛さ）のようなものがあったからだ。そのためか，大学生活では，勉強もそこそこにアルバイトに夢中になっていたが，2003 年 8 月，「沖縄との出会い直し」につながる出来事がおきた。

　この時期，都立大は大学「改革」の渦中にあったが，石原慎太郎都知事（当時，2022 年 2 月死去）の意向で，それまでの案が全て破棄され，トップダウンで新たな大学構想を押しつけてきた。大学の構成員である教職員や学生・院生の声を無視した「改革」を前に，筆者とクラスの仲間たちは，意見を集め，議論するなど，自分たちなりにできることに取り組んだ。その活動のなかで，大学自治の運動にも飛び込んでいくことになった。結局，母校である都立大はつぶされたが，「足もと」から民主主義とはなにかを考え，仲間たちと格闘するなかで，地元でみてきた風景や，沖縄の人びとが，住民投票，選挙，集会，デモや座り込みなど，さまざまなかたちで積み上げてきた「想い」の重みを痛感させられた。このような再認識の過程で，原体験としての「1995 年」や平和学習で学んできたことが，再び想い起された。

　この頃から，沖縄を対象・テーマとして意識しはじめ，また，沖縄の基地社会のように，複雑な「社会」や「歴史」を読み解く力が必要だと考え，学部の 3，4 年生頃からは，政治思想や経済学のゼミに参加し，社会科学の文献などを自主ゼミで読むようになっていった。

＊

　しかし，沖縄という対象・テーマへのある種の「めざめ」と，それを研究

あとがき　205

対象に据え，研究論文を仕上げられるようになるまでには，非常に長い時間を要した。博士課程の在籍中には，現場からの強い要望とわたし自身の経済的な事情もあり，夜間当直をしていた病院の事務スタッフ（正規雇用）として2年半働くなどしたため，仕事としてのやりがいの一方で，研究をこのまま継続するかどうか悩む時期もあった。

　そのなかでも，研究を続けることができたのは，中心的なテーマを発見するにいたる過程で得た，二つの確信があったからだ。

　その一つは，研究上の着眼点にあった。幸か不幸か，わたしの学問遍歴は，法学部を入口にして，社会科学全般に関心をもったことからもわかる通り，ディシプリン（学問分野）に限定されないものであった。いまから考えると無謀とも言える挑戦だったが，修士課程では，沖縄社会のような，政治，経済やイデオロギーが分かちがたく結びついた対象を，原理的に理解するため，K.マルクスやM.ウェーバーの社会科学的な枠組みを自分なりに検討した。このような貴重な機会を得たのは，経済学のゼミに誘っていただいた先輩の柴田努さん（岐阜大学）と，快くゼミに受け入れていただいた宮川彰先生（首都大学東京名誉教授）というお二人の存在がとても大きい。お二人がいなければ，社会科学のハードさと面白さ，社会との関わり，そしてなによりも楽しさを感じることはなかっただろう。

　その後，博士課程で一橋大学に編入し，多田治先生のゼミに入り，社会学を本格的に学ぶなかで，マルクスの重視する経済的関係に加えて，社会的諸関係のもとで形成される人びとの認識やそれらの差異に着目するにいたった。この着想・着眼点は，沖縄の人びとの「想い」そのものが，どのような経済的ないし社会的な関係（構造）のもとで成り立っているのか，という問いにつながり，博士論文へと連なる課題設定を可能とした。

　けれども，こういった着想・着眼点を得るだけでは，まだ十分ではなかった。もう一つ，わたしの確信となったのは，まさに沖縄の「現状」と「歴史」そのものとの格闘とも言える作業であった。2000年代半ば以降，教科書記述における「集団自決」削除をめぐる保革を超えた運動（2007年）や，政権交代以降の動きなどから（2009年），現代における「島ぐるみ」の運動

に着目していたが，どのように研究テーマとして練り上げるべきかと悩んでいた。主要な道標もなく，途方に暮れる時期も長く続いたが，結果的にみて，それを打開できたのは，沖縄において保革対立が激しくなったとされる復帰前後の新聞資料などを徹底的に読み込み，そこで起った出来事や人びとの「想い」を追うことによって，であった。

　トータルで20年分以上の新聞を，ひたすらマイクロフィルムや縮刷版で読み込み，メモをとって目録をつくるという先も見えぬ作業のなか，筆者は，「経済開発をめぐって保守と革新が共通の課題認識をもち，手を取り合おうとしていた」という事実を把握した。このテーマを発見した後，県立図書館や公文書館で関連資料をあさり，インタビュー調査も実施し，2012年末には冒頭に挙げた研究論文を仕上げることができた。このような基礎作業（基礎鍛錬）を経たことに加え，さらに幸運なことに，2014年度からは，基地に隣接する沖縄国際大学で非常勤講師として教鞭をとりつつ，同時代の辺野古新基地建設に反対する「島ぐるみ」の運動を身近なものとし，その動きに身を寄せつつ博士論文の執筆に取り組むことができた。そのなかで，経済開発というテーマだけでなく，保革といった対立関係では見えてこない，反基地運動の底流にある基地や戦争への恐怖・拒否感といった「想い」を，研究対象として意識することになった。

　以上のような「沖縄との出会い直し」を経て，研究課題に向き合いはじめてからも，遅々として進まない執筆のなか，指導教員の多田先生にはとても迷惑をおかけした。9年という在学期限いっぱいまで博士論文の提出を引き延ばすなか，厳しいコメントと温かいご指導をいただいた。長年にわたる感謝の意を表したい。また，博士論文の副査の労をとっていただいた諸先生方にも感謝の気持ちを伝えたい。地域研究を主とするゼミにも関わらず，開発研究という接点から副ゼミに快く受け入れていただいた児玉谷史朗先生（一橋大学），歴史学や沖縄戦後史の視点から貴重なコメントをいただいた吉田裕先生（一橋大学）と戸邉秀明先生（東京経済大学）にも，この場をかりてお礼を申し上げる。

　これ以外にも，本書は，多くの方々からの支援と協力ぬきに完成はありえ

あとがき　207

なかった。快く調査協力・資料提供に応じていただいた諸機関のみなさま（沖縄県公文書館，沖縄県立図書館，沖縄国際大学南島文化研究所，沖縄市役所総務部市史編集担当，嘉手納町民俗資料室・議会事務局・基地渉外課，那覇市歴史博物館），お忙しいなかインタビュー調査に応じ，貴重なお話を聞かせていただいた，新垣安雄さん，池原吉孝さん，田仲康榮さん，玉城真幸さん，渡口彦信さん，中根章さん，仲宗根藤子さん，福地曠昭さん，宮平友介さん，宮平良啓さん，Ｋさん本当にありがとうございました。本書の出版を待たず，中根さんと福地さんが，逝去されたことが非常に悔やまれる。お二人へ，ここに心より哀悼の意を表したい。

　また，小学校時代からお世話になり研究や活動上のネットワークを広げていただいた南風原文化センターの平良次子さん，戦後沖縄の人びとの「想い」をいかにくみとるかを各所で学ばせていただいた鳥山淳さん，博士論文の提出ギリギリまで検討会を続けてくれた土井智義さんには，「深謝」という言葉しか思いつかない。そして，折に触れて励ましと，ユンタク（お喋り）のなかから多くをいただいた友人や先輩たち。青木陽子さん，粟国恭子さん，阿部小涼さん，新井大輔さん，荒井悠介さん，新雅史さん，岩舘豊さん，上地聡子さん，大澤篤さん，大野光明さん，岡本直美さん，小澤裕香さん，小野百合子さん，小股遼さん，我部聖さん，川手摂さん，北上田源さん，國吉聡志さん，久部良和子さん，古賀徳子さん，古波藏契さん，小濱武さん，小屋敷琢己さん，小松かおりさん，小松寛さん，櫻澤誠さん，佐々木啓さん，色摩泰匡さん，島袋隆志さん，清水史彦さん，清水友理子さん，新城郁夫さん，新城知子さん，新城和博さん，謝花直美さん，杉浦由香里さん，杉田真衣さん，須田佑介さん，平良好利さん，高江洲昌哉さん，高橋順子さん，永島昂さん，中村（新井）清二さん，仲村宮子さん，永山聡子さん，那波泰輔さん，成定洋子さん，新井田智幸さん，浜川智久仁（崎浜慎）さん，藤波潔さん，本庄十喜さん，真嶋麻子さん，南出（藤井）吉祥さん，蓑輪明子さん，宮道喜一さん，村上陽子さん，森啓輔さん，森原康仁さん，安原陽平さん，本当にありがとうございました。

　加えて，博士論文の執筆や長年の研究活動を温かく見守ってくれた家族，

そして地元南風原や「南風原平和ガイドの会」のみなさんからいただいた励ましにも大いに助けられた。長年にわたって支え続けてくれたことへの感謝の意を伝えたい。

本書の出版においては，八朔社の片倉和夫さんと，宮川ゼミでお世話になり片倉さんをご紹介いただいた村上裕さんというお二人の力添えを抜きには語れない。片倉さんには，忙しさのなか書籍化をためらっていたところ，背中を押していただいた。記して感謝したい。また，2017年9月から働きはじめ，身にあまるほどの研究環境を与えていただいている明治学院大学国際平和研究所と高原孝生所長にも感謝の気持ちを伝えたい。ここでの研究環境なしに，本書の執筆はなしえなかった。なお，本書は，出版において，2018年度明治学院大学学術振興基金補助金を得ている。

＊

最後に，現在，沖縄をめぐる「オール沖縄」や「島ぐるみ」の動きは，2016年4月末の元米海兵隊員による暴行・殺害事件，オスプレイ墜落や相次ぐ部品落下，そして，基地機能強化のなかで重要な局面をむかえている。本書で明らかにしてきた諸点を踏まえるなら，この運動の結集点は，日本本土による沖縄差別を告発し，沖縄アイデンティティや沖縄ナショナリズムを強調する「戦略的ナショナリズム」ないし「人種主義化」（土井・徳田・成定［他］2015および森2015）とでも呼びうる局面と，本書で示したような生活や生存（生命）を守るという戦争／占領体験に裏打ちされた局面，の二つをともに含み込んでいる。

本書を書き上げるにあたって，筆者の頭からは，2016年の事件で亡くなられた女性のことが離れず，第3章を記述する際にも，理不尽な米軍機事故によって亡くなった方たちを，その女性と重ねていた。このような執筆においてとった姿勢からも，筆者は，現在の沖縄において，「沖縄人」意識を強調するよりも，むしろ，沖縄戦と地続きの戦後のなかで人びとによって抱かれてきた生活や生存（生命）をめぐる「想い」をこそ，大切にしたい。本書は，そのことを沖縄戦後史という歴史研究を通して示そうとしたものである。現代史の転換点とでも呼びうる現状のなか，その目的がどこまで達成された

かは，読まれた方々の批判を待つほかない。

　現在も基地を身近に置き続ける沖縄と，「戦争できる国」をめざす日本の
ただなかにおいて，本書で示した「島ぐるみ」の運動についての歴史的事実
の解明が，現状に抗するささやかな助けになることを願ってやまない。

　2018年12月
　明治学院大学国際平和研究所の助手室にて

年　表

年	沖縄の動き	世界－日本の動き
1965	3/7　ベトナム・ダナンに在沖海兵隊上陸 3/9　陸上自衛隊初の「海外」研修を沖縄で実施 4/28　祖国復帰県民総決起大会（那覇，8万名） 6/11　読谷村で米軍機が投下したトレーラーにより小学生が死亡（隆子ちゃん事件） 7月　嘉手納村にて「爆音防止対策期成会」結成 7/28-29　B52，台風のためグアムから避難。翌日，30機がベトナムを空爆 8/19-21　佐藤首相　戦後初の沖縄訪問 9月　嘉手納村で KC135 空中給油機排ガスによる傷害事件。外資導入の権限が琉球政府に移管される	1/13　第1次佐藤・ジョンソン会談，日米共同声明（極東の安全に沖縄の米軍基地は重要と明記） 2/7　米，北ベトナム爆撃（北爆）開始 4/17　ワシントンでベトナム反戦デモ（1万名） 5/7　佐藤首相，北爆支持演説 6/16　米マクナマラ国防長官，陸軍戦闘部隊6個大隊南ベトナムへ出発と発表 6/22　日韓基本条約調印（12/18発効），6/23 朝鮮民主主義人民共和国，条約不承認。11月国会にて条約を強行採決。東京で反対デモ（10万名）
1966	1/25　米軍，具志川村昆布の土地新規撤収を通告 5/19　嘉手納村で KC135 空中給油機が墜落し村民1名を圧殺 5～6月　嘉手納村で嘉手納基地拡張工事による砂じん被害発生。座り込みやハンストが行われる 6月～　裁判移送撤回闘争 7/22　教職員会，教公二法阻止のハンストに入る 11/2　アンガー高等弁務官就任	1/3-15　ハバナ，アジア・アフリカ・ラテンアメリカ三大陸人民会議 1/31　米機，38日ぶりに北爆再開 5/30　米原潜，横須賀に初入港 8月　ロイター電，米軍が使用のナパーム弾 90％や大部分の軍装備品は日本生産と報道 9/1　沖縄問題懇談会発足
1967	2/24　教公二法阻止共闘会議，立法院ビルを包囲，立法院本会議流会。実質的な廃案協定を締結 3/28　復帰協定期総会，安保条約破棄・核基地撤去・米軍基地反対の運動方針決定 4月　与那城村宮城島への石油外資進出が問題化 5/4　嘉手納村にて基地廃油による井戸水汚染，いわゆる"燃える井戸"事件 7月　石川市にて米軍ジェット機が墜落 8月　「即時復帰反対協議会」結成（～11月） 11/12　佐藤首相訪米に向けた「即時無条	1/6　米海兵隊，メコンデルタに侵攻 2月　下田外務次官，核付き返還論を展開（下田発言） 2/17　衆参両院に沖縄問題等に関する特別委員会設置 3/6　米，徴兵制改定（学生の免除廃止） 4/26　北爆拡大 8月　総理府「沖縄経済発展の方向と施策」（通称：塚原ビジョン）発表 8/8　新宿で米軍のタンク・ローリー車と貨車が衝突・炎上 11/15　第2次佐藤・ジョンソン会談，日米共

年　表　211

	件全面返還要求県民総決起大会」（那覇市，10万名）	同声明（一体化政策の推進，小笠原返還合意）
	11/20　日米両政府に対する抗議県民大会（那覇市）	12/11　佐藤首相，衆院予算委で非核三原則明言
1968	1/8　琉球政府外資導入審査会，米ガルフ社を認可（1/20までに4社を認可） 2/5　B52嘉手納基地に「飛来」し以降常駐化。3月にかけて，日本政府への撤去要請や地域での撤去決議・リボン闘争が展開される 2/27　B52撤去要求県民大会（嘉手納村） 3/16　教職員会，第32回定期総会にて「基地撤去」方針 4/12　B52即時撤去要求第2回県民大会（嘉手納村） 5/2　ベ平連と沖縄原水協，嘉手納基地前で抗議行動 6/5　「明るい沖縄をつくる会」（主席・立法院議員選挙革新共闘会議）結成 6/30　「沖縄住民の生活を守る会」結成 8/25　嘉手納村長選挙にて沖縄自民党の古謝得善が勝利。この時期にイモ・ハダシ論が展開される 11/10　初の主席公選選挙にて革新共闘会議の屋良朝苗が当選（12月就任） 11/19　B52が墜落し爆発炎上（12/2にも同機が墜落），嘉手納村での村民大会に5千名が参加 11/20～　高教組によるリボン闘争の展開，全県の高校にてクラス討論・抗議集会・意見発表会が開かれる 11/30　嘉手納村全婦人大会 12/7　「県民共闘会議」結成，嘉手納村教職員会ストライキを実施 12/14　B52撤去要求県民総決起大会（嘉手納村）	1月　朝鮮民主主義人民共和国によるプエブロ号拿捕事件 1/5　米紙報道，ドル防衛の兵器売り込み，日本にも相当量予定 3/16　ベトナム，ソンミ村虐殺事件 5月　パリ5月革命 5月　総理府「本土と沖縄の一体化施策案」発表 6月　米，ワシントンで黒人10万人集会 6/26　小笠原返還 7月　総理府の委嘱による尖閣列島調査団派遣 8/21　ソ連・東欧軍，チェコ侵攻 10月　沖縄に関する日米協議委，沖縄の国政参加正式合意 10/31　米ジョンソン大統領，北爆全面停止宣言 11/5　日本政府，「日本本土と沖縄との一体化に関する基本方針」を閣議決定 11/6　米大統領選，ニクソン当選（翌年1/5就任） 12/23　日米安保協議委員会，在日米軍基地148ヵ所の整理案を提示，調布など返還・縮小41ヵ所を公表
1969	1/6　県民共闘会議，2/4のゼネスト実施を決定 1/12　嘉手納村議会議員選挙，与党自民党が議席を増やし過半数を超える 1/28　嘉手納村議会にてゼネスト反対の陳情書が可決される。経済界もこの時期ゼネスト反対を訴える 2月　大見謝恒寿が尖閣列島周辺の鉱業権	1/6　下田駐米大使，沖縄基地本土並み返還は甘いと首相に進言 1/18-19　東大安田講堂封鎖解除の強制執行。1/20　東大入試中止決定 5月　愛知外相訪米 6/10　解放戦線，南ベトナム統治の臨時革命政府樹立 7/10　米紙報道，在沖米軍基地でVX神経ガス

	を申請。以後, 公団や新里景一らと対立 (〜12月)	漏れ事故報道	
	2/4 2・4ゼネストの挫折, 県民総決起大会開催	7/22 米国防省, 沖縄の毒ガス撤去と発表	
	3月 復帰協総会, 「基地撤去」方針を決定	11/13-15 米, ベトナム反戦統一行動	
	4/28 祖国復帰県民総決起大会, 海上大会	11/17-26 佐藤訪米。11/21 佐藤・ニクソン会談, 日米共同声明 (1972年沖縄返還合意)	
	6月 南ベトナム撤退の第3海兵師団5千名沖縄移駐		
	6/28 安保破棄・B52撤去・即時無条件全面返還要求県民大会		
	11月 「東洋石油基地建設反対同盟」結成		
	11/16-17 佐藤訪米抗議・反対・阻止行動		
	12月 米アルコア社沖縄進出表明, 以降日本本土の企業・学会などと対立。琉球政府, 「長期経済開発計画の基本構想案」発表		
1970	2月 「東洋石油基地建設反対同盟」の琉球政府前集会, 機動隊導入	3月 日本政府, 「沖縄復帰対策の基本方針」を決定	
	3月 自民党沖縄県連結成	3/14-9/13 日本万国博覧会開催	
	3/30 復帰準備委員会発足	3/31 よど号ハイジャック事件	
	4/28 沖縄デー	4月 米軍, カンボジア介入。日本政府これを是認	
	5月 毒ガス兵器即時撤去要求, アメリカのカンボジア侵略反対県民総決起大会	5/1 日本政府, 沖縄・北方対策庁を設置	
	5/30 具志川村で女子高校生刺傷事件発生	5/7 沖縄住民の国政参加特別措置法公布	
	6月 屋良主席, 施政方針演説で安保反対の立場表明	8月 台湾政府による尖閣列島の領有権主張	
	8月 石垣島にて「尖閣列島を守る会」結成	11/15 日米繊維交渉, 繊維規制枠で対立	
	8/10 革新共闘会議, 尖閣開発について要請	12月 中国政府による尖閣列島の領有権主張	
	9月 琉球政府, 「長期経済開発計画」を発表	12/4 米財務省, 日本製テレビのダンピング認定	
	9月 琉球政府, 「尖閣列島の領土権についての声明」発表	12/26 米, ベトナムでの枯葉剤使用全面中止発表	
	9/18 「尖閣列島石油資源等開発促進協議会」結成, 糸満町で米兵による金城さん轢殺事件		
	12/12 米軍事法廷, 金城さん轢殺事件の米兵に無罪判決		
	12/20 コザ暴動		
	12/21 米軍, 沖縄雇用員3千名解雇を発表		
1971	1/13 米軍, 毒ガス撤去作業開始 (〜9月)	2月 防衛庁, 沖縄に6千3百名の自衛官配備決定	
	5月 アルコア社進出断念		
	5/19 沖縄返還協定粉砕ゼネスト (10万名)	3/3 米, フリーダム・ボールト作戦 (沖縄・韓国・米本土を結ぶ軍事演習)	
	8月 琉球政府, 尖閣開発をめぐる開発株		

年　表　213

	式会社設立構想が頓挫	6/17	沖縄返還協定の日米同時調印式
	8/24　立法院，国際海洋博覧会の開催要請を決議	7/15	米ニクソン大統領訪中発表
	10/15　沖縄返還協定批准反対県民総決起大会	8/15	米，金ドル交換停止発表
	10/19　沖縄青年同盟の青年3名，国会首相演説中に抗議，逮捕	10/9	防衛庁，沖縄軍用地使用料を6.5倍引き上げることを決定
	11/10　沖縄返還協定反対のゼネスト，機動隊と衝突，警官1名死亡	11/17	衆院沖縄返還協定特別委員会，協定を強行採決
	11/17　琉球政府，「復帰措置に関する建議書」を提出	12/3	インド・パキスタン戦争（～12/17）
		12/6	朴正熙韓国大統領，国家非常事態宣言
1972	3/7　全軍労無期限スト突入（～4/10）	1/7	日米首脳会談，沖縄返還5/15と共同声明
	5/9　琉球政府，CTS（石油備蓄基地）用地として宮城島と平安座島間の埋立認可	2/27	米中共同声明
		4/6	北爆再開
	5/12　USCAR解散式	4/10	生物兵器禁止条約調印
	5/15　日本復帰，沖縄県発足。沖縄処分抗議県民総決起大会（那覇市）	5/15	沖縄返還協定発効
		5/22	米ニクソン大統領，訪ソ
	6/30　自衛隊，沖縄への本格移駐開始	6/11	田中通産相『日本列島改造論』発表，7/7　田中内閣発足
	11月　沖縄県公害対策連絡協議会，沖縄アルミの誘致不適切を表明	6/17	米民主党本部盗聴事件（ウォーターゲート事件）
	11/26　復帰記念植樹祭	9/25	田中首相訪中，9/29　日中共同宣言，国交回復
	12/18　「沖縄振興開発計画」発表	12/17	米，全面的な北爆再開，国際的な非難を受ける。12/30　米ニクソン大統領，北爆停止命令

＊この関連年表の作成にあたっては，以下の文献に収められている年表や関連資料を参照。

新崎盛暉（1969）『ドキュメント沖縄闘争』亜紀書房。

大野光明（2014）『沖縄闘争の時代 1960/70：分断を乗り越える思想と実践』人文書院。

田仲康博（2010）『風景の裂け目：沖縄，占領の今』せりか書房。

中野好夫［編］（1969）『戦後資料沖縄』日本評論社。

南方同胞援護会［編］（1972）『追補版沖縄問題基本資料集』南方同胞援護会。

道場親信（2009）「年表［1961～1980年］」『戦後日本スタディーズ』（岩崎稔［他編］）紀伊國屋書店。

参考文献および資料・インタビュー

[筆者によるインタビュー]　＊括弧内は本論で取り上げた時点での所属等
新垣安雄（読谷高校美術教諭）2016 年 6 月 10 日
池原吉孝（読谷高校・高校生）2016 年 5 月 26 日
田仲康榮（民間企業勤務）2016 年 6 月 15 日
玉城真幸（沖縄タイムス社嘉手納支局勤務）2015 年 4 月 2 日および 8 月 25 日
渡口彦信（嘉手納村議会議員）2016 年 6 月 17 日および 12 月 29 日
中根章（コザ市議会議員）2015 年 9 月 2 日
仲宗根藤子（嘉手納中学校教諭）2016 年 6 月 13 日
福地曠昭（革新共闘会議事務局長）2011 年 9 月 10 日
宮平友介（読谷高校・高校生）2016 年 6 月 1 日および 6 月 3 日
宮平良啓（屋良小学校事務職員）2016 年 6 月 3 日
K（ペルシャ資源開発勤務）2011 年 9 月 14 日

[未公刊資料]
沖縄県公文書館所蔵・沖縄県祖国復帰協議会文書。
沖縄県公文書館所蔵・平良幸市文書。
沖縄県公文書館所蔵・屋良朝苗文書。
沖縄県公文書館所蔵・琉球政府文書。
沖縄県公文書館所蔵・琉球列島米国民政府（USCAR）文書。
沖縄国際大学南島文化研究所所蔵・大山朝常文書。

[回顧録・日記・個人文書]
稲嶺一郎（1969）『東洋石油の製油所建設について』沖縄県公文書館所蔵・平良幸
　　市文書（0000061862）。
上原康助（1982）『基地沖縄の苦闘：全軍労闘争史』有限会社創広。
大見謝恒寿（1970）『尖閣油田の開発と真相：その二つの側面』沖縄県公文書館所
　　蔵・平良幸市文書（0000062175）。
大山朝常（1977）『大山朝常のあしあと』うるま通信社。
新里景一（1970）『尖閣列島の油田開発について』沖縄県公文書館所蔵（0000035987）。
桃原用永（1986）『戦後の八重山歴史』八島印刷。
渡口彦信（2010）『我が人生に悔いなし』比謝川ガス株式会社（嘉手納町立図書館
　　所蔵（110829652））。

参考文献および資料・インタビュー　215

宮平良啓（2008）『古稀を迎えて：あの日あの時全力投球』嘉手納町民俗資料室所蔵。

村山盛信（2008）『戦後復興から地域振興ひと筋：村山盛信自叙伝』文進印刷（嘉手納町立図書館所蔵（110821113））。

屋良朝苗（1970）『屋良朝苗日誌 026：1970年（昭和45年）3月13日～11月27日』沖縄県公文書館所蔵・屋良朝苗文書（0000099337）。

吉田嗣延（1976）『小さな闘いの日々：沖縄復帰のうらばなし』文教商事株式会社。

[新聞資料]

『朝日新聞』（縮刷版，1968年）。

『沖縄時報』（原紙，1967～1969年）。

『沖縄タイムス』（縮刷版・マイクロフィルム，1965年～1975年）。

『八重山毎日新聞』（縮刷版，1970年）。

『琉球新報』（縮刷版・マイクロフィルム，1965年～1975年）。

[業界・団体・市町村関連資料]

【雑誌・機関誌】

沖縄経営者協会（沖縄県経営者協会）

『経営』（1967年～1972年，沖縄県立図書館および琉球大学図書館所蔵）。

沖縄生産性本部

『沖縄生産性』（1967年～1972年，沖縄県立図書館所蔵）。

【教職員関連団体，労働組合，その他民主団体】

沖教組10年史編集委員会［編］（1985）『沖教組10年史』沖縄県教職員組合。

沖縄教職員会（1969）『B52 いますぐ出ていけ！：核基地におびえる子どもらの訴え』沖縄県立図書館所蔵（1001997814）。

沖縄県高等学校教職員組合［編］（出版年不明）『沖縄県高教組情報第1号～第100号：一人はみんなのためにみんなは一人のために』沖縄県高等学校教職員組合（沖縄県立図書館所蔵（1001541232））。

沖縄県祖国復帰協議会（1972）『資料沖縄の現状』沖縄県祖国復帰協議会（沖縄県立図書館所蔵（1001839677））。

沖縄県婦人連合会［編］（1981）『沖縄県婦人連合会30年のあゆみ』沖縄県婦人連合会。

沖縄労働運動史・25年の歩み編集委員会［編］（1995）『沖縄労働運動史：県労協25年の歩み』沖縄県労協センター（沖縄県立図書館所蔵（1005964596））。

全駐労沖縄地区本部［編］（1999）『全軍労・全駐労沖縄運動史』全駐労沖縄地区本

部。

全駐労沖縄地区本部運動史編集委員会［編］(1996)『全軍労・全駐労沖縄地本ビラ縮刷版：1961年10月〜1996年10月』全駐留軍労働組合沖縄地区本部。

――『全軍労機関紙・速報：1964年1月〜1978年8月』全駐留軍労働組合沖縄地区本部。

「全逓沖縄運動史」編集委員会［編］(1991)『全逓沖縄運動史』全逓信労働組合沖縄地区本部。

日本教職員組合・沖縄教職員会［編］(1966)『沖縄の子ら＜作文は訴える＞』合同出版株式会社。

【企業・経済団体関係】

沖縄経営者協会［編］(1969)『沖経協10年の歩み』沖縄経営者協会。

金秀グループ創業50周年記念誌編集委員会［編］(1998)『金秀50年史』金秀グループ。

金秀グループ創業60周年記念誌編集委員会［編］(2007)『運玉森の麓から：金秀グループ60年史』金秀グループ。

コザ商工会議所［編］(1967)『会員名簿』コザ商工会議所（沖縄国際大学南島文化研究所所蔵・大山朝常文書）。

那覇商工会議所［編］(1969)「1969年度事業報告・収支決算報告書」那覇商工会議所（沖縄県立図書館所蔵 (1001907581))。

――(1983)『那覇商工会議所55年史』上之山印刷。

――(1987)『那覇商工会議所60年のあゆみ』那覇商工会議所。

琉球石油株式会社［編］(1986)『琉球石油社史：35年の歩み』琉球石油。

【県および市町村関係団体】

字野里誌編集委員会［編］(2004)『字野里誌』嘉手納町野里共進会（嘉手納町立図書館所蔵 (110836939))。

沖縄県渉外部基地渉外課［編］(1975)『沖縄の米軍基地』沖縄県（沖縄県立図書館所蔵 (1004591572))。

沖縄県商工労働部［編］(2001)『沖縄県労働史第3巻 (1966年〜73年)』沖縄県。

沖縄県統計協会［編］(1974)『第17回沖縄県統計年鑑昭和47年版』沖縄県。

沖縄県町村会［編］(1998)『沖縄県町村会50年のあゆみ』沖縄県町村会。

嘉手納村役所(1967)『嘉手納村のすがた』嘉手納村（沖縄県立図書館所蔵 (1006687048))。

――(1969)『嘉手納村と基地問題』嘉手納村（沖縄県立図書館所蔵 (1003768932))。

――(1970)『基地と嘉手納』嘉手納村（沖縄県立図書館所蔵 (1006949026))。

参考文献および資料・インタビュー　217

──（各号）『嘉手納村広報』嘉手納村（嘉手納町ホームページより閲覧可，2018
　　年 12 月 10 日最終閲覧（一部欠けている号あり），http://data.town.kadena.
　　okinawa.jp/kouhou/archive/）。

嘉手納町基地渉外課［編］（2015）『嘉手納町と基地』嘉手納町役場（嘉手納町立図
　　書館所蔵（110846151））。

嘉手納町史編纂審議会［編］（2010）『嘉手納町史資料編 7　戦後資料（上)』嘉手納
　　町教育委員会。

嘉手納町役場企画課［編］（1983）『分村 35 周年記念誌』嘉手納町役場。

コザ市［編］（1974）『コザ市史』コザ市。

コザ市市長公室秘書課［編］（1974）『コザ市報　1957 年 9 月〜 1974 年 1 月（第 1
　　号〜第 156 号)』コザ市役所（沖縄県立図書館所蔵（1003658307））。

コザ市商工観光課［編］（1968）『コザ市の商工業』沖縄市役所所蔵（総務部市史編
　　集担当）。

コザ市役所企画室［編］（1969）『コザ市勢要覧　1969 年』コザ市役所総務課（沖縄
　　県立図書館所蔵（1003767413））。

千原誌編集委員会［編］（2001）『嘉手納町千原誌』千原郷友会（嘉手納町立図書館
　　所蔵（110196359））。

北谷町史編集委員会［編］（2005）『北谷町史第 1 巻　通史編』北谷町教育委員会。

宮城清郎・吉浜朝永（1966）『爆音防止対策の要請並に本土における基地周辺地域
　　の爆音防止対策について，調査報告書』嘉手納村爆音防止対策期成会（嘉手納町
　　基地渉外課所蔵）。

屋良誌編纂委員会［編］（1992）『嘉手納町屋良誌』字屋良共栄会。

琉球政府（1955）『経済振興第 1 次 5 ヵ年計画』琉球政府（沖縄県立図書館所蔵
　　（1003667498））。

琉球政府企画局企画部［編］（1971）『1970 年度沖縄経済の現状』琉球政府企画局
　　（沖縄県立図書館所蔵（1004067433））。

琉球政府企画局統計庁分析普及課［編］（1971）『沖縄統計年鑑　第 14 回（1969 年)』
　　琉球政府企画局。

【その他】

沖縄タイムス社［編］（1998）『激動の半世紀：沖縄タイムス社 50 年史』沖縄タイ
　　ムス社。

国際連合［編］（1968）『エカフェ 20 年の歩み』社団法人日本エカフェ協会。

──（1972）『エカフェの諸活動とその成果：創設 25 周年を記念して』社団法人日
　　本エカフェ協会。

即時復帰反対協議会（1967）「本土復帰に対する見解」即時復帰反対協議会（沖縄県

218

立図書館所蔵（9410049876））。

日本弁護士連合会（1970）『沖縄の基地公害と人権問題：日本弁護士連合会報告』南方同胞援護会。

広島市・長崎市・朝日新聞社［編］（1968）『原爆展』朝日新聞西部本社企画部。

［書籍・研究書］

新崎盛暉（1976）『戦後沖縄史』日本評論社。

——（2005a）『沖縄同時代史　別巻 1962 〜 1972　未完の沖縄闘争』凱風社。

——（2005b）『沖縄現代史（新版）』岩波新書。

新崎盛暉・中野好夫（1976）『沖縄戦後史』岩波新書。

浦野起央（2005）『〈増補版〉尖閣諸島・琉球・中国：日中国際関係史〈分析・資料・文献〉』三和書籍。

大野光明（2014）『沖縄闘争の時代 1960/70：分断を乗り越える思想と実践』人文書院。

沖縄研究会［編］（1971）『沖縄解放への視角』田畑書店。

沖縄県教職員組合経済研究委員会［編］（1974）『開発と自治：沖縄における実態と展望』日本評論社。

沖縄国際大学文学部社会学科石原ゼミナール［編］（1994）『戦後コザにおける民衆生活と音楽文化』榕樹社。

沖縄タイムス社［編］（1970）『沖縄と 70 年代：その思想的分析と展望』沖縄タイムス社。

沖縄フリージャーナリスト会議［編］（1994）『沖縄の新聞がつぶれる日』月刊沖縄社。

外務省情報文化局（1972）『尖閣諸島について』外務省（沖縄県立図書館所蔵（1005375678））。

鹿野政直（1987）『戦後沖縄の思想像』朝日新聞社。

川平成雄（2011）『沖縄空白の一年：1945-1946』吉川弘文館。

——（2012）『沖縄占領下を生き抜く：軍用地・通貨・毒ガス』吉川弘文館。

——（2015）『沖縄返還と通貨パニック』吉川弘文館。

川瀬光義（2013）『基地維持政策と財政』日本経済評論社。

久場政彦（1995）『戦後沖縄経済の軌跡：脱基地・自立経済を求めて』ひるぎ社。

来間泰男（1990）『沖縄経済論批判』日本経済評論社。

——（1998）『沖縄経済の幻想と現実』日本経済評論社。

小松寛（2015）『日本復帰と反復帰：戦後沖縄ナショナリズムの展開』早稲田大学出版部。

櫻澤誠（2012a）『沖縄の復帰運動と保革対立：沖縄地域社会の変容』有志舎。

参考文献および資料・インタビュー　219

―――（2015）『沖縄現代史：米国統治，本土復帰から「オール沖縄」まで』中公新書。

―――（2016）『沖縄の保守勢力と「島ぐるみ」の系譜：政治結合・基地認識・経済構想』有志舎。

佐藤昭夫（1971）『政治スト論：団体行動権の保障のために』一粒社。

佐野眞一（2011）『沖縄だれにも書かれたくなかった戦後史（上）』集英社文庫。

島袋純（2014）『「沖縄振興体制」を問う：壊された自治とその再生に向けて』法律文化社。

杉野圀明・岩田勝雄［編］（1990）『現代沖縄経済論：復帰後における沖縄経済の現状と問題点』法律文化社。

尖閣諸島文献資料編纂会［編］（2007）『尖閣研究：高良学術調査団資料集（上）（下）』データム・レキオス。

平良好利（2012）『戦後沖縄と米軍基地：「受容」と「拒絶」のはざまで 1945～1972年』法政大学出版局。

鳥山淳（2013）『沖縄／基地社会の起源と相克：1945-1956』勁草書房。

前田博盛・百瀬恵夫（2002）『検証「沖縄問題」：復帰後 30 年経済の現状と展望』東洋経済新報社。

町村敬志（2011）『開発主義の構造と心性：戦後日本がダムでみた夢と現実』御茶の水書房。

三上絢子（2013）『米国軍政下の奄美・沖縄経済』南方新社。

宮里政玄（2000）『日米関係と沖縄：1945-1972』岩波書店。

宮本憲一［編］（1979）『講座地域開発と自治体 3　開発と自治の展望・沖縄』筑摩書房。

宮本憲一・川瀬光義［編］（2010）『沖縄論：平和・環境・自治の島へ』岩波書店。

宮本憲一・佐々木雅幸［編］（2000）『沖縄 21 世紀への挑戦』岩波書店。

屋嘉比収（2009）『沖縄戦，米軍占領史を学びなおす：記憶をいかに継承するか』世織書房。

安田浩一（2016）『沖縄の新聞は本当に「偏向」しているのか』朝日新聞出版。

琉球銀行調査部［編］（1984）『戦後沖縄経済史』琉球銀行。

琉球新報社［編］（1983）『世替わり裏面史：証言に見る沖縄復帰の記録』琉球新報社。

Bourdieu, P. and Wacquant, L. J. D.（1992）*An Invitation to Reflexive Sociology*, University of Chicago Press.（P・ブルデュー＆L・ヴァカン著，水島和則訳『リフレクシヴ・ソシオロジーへの招待：ブルデュー，社会学を語る』藤原書店，2007 年）

Calder, K.（2007）*Embattled Garrisons*, Princeton Univ. Press.（K・カルダー著，

武井楊一訳，『米軍再編の政治学：駐留米軍と海外基地のゆくえ』日本経済新聞出版社，2008 年）

[論文]

秋山道宏（2012）「日本復帰前後の沖縄における島ぐるみの運動の模索と限界：尖閣列島の資源開発をめぐる運動がめざしたもの」『一橋社会科学』4，48-63。

──（2015a）「日本復帰前後からの島ぐるみの論理と現実主義の諸相：即時復帰反対論と沖縄イニシアティブ論との対比的検討から」『沖縄文化研究』41，241-296。

──（2015b）「沖縄経済の現状と島ぐるみの運動：建設業界を対象に」『日本の科学者』50（6），292-297。

──（2016a）「1960 年代前半における大山朝常の経済論：南島文化研究所所蔵資料の紹介もかねて」『南島文化』38，101-111。

──（2016b）「グローバリゼーションのもとでの沖縄経済の変容：脱軍事化・脱公共事業依存と日本国家（特集　歴史的視座から問う現代の諸問題）」『新しい歴史学のために』288，34-47。

──（2017）「日本復帰前の沖縄における米軍基地と生活をめぐる認識の展開：即時復帰反対論からイモ・ハダシ論への流れに着目して」『琉球・沖縄研究』5，64-81。

新崎盛暉（1984）「本・批評と思潮　経済政策を軸に戦後史をとらえる：『戦後沖縄経済史』を読んで」『新沖縄文学』61，143-146。

──（2013）「書評と紹介　櫻澤誠著『沖縄の復帰運動と保革対立：沖縄地域社会の変容』」『日本歴史』777，123-125。

新崎盛暉・野里洋・森田博志（1995）「地方紙と政治ジャーナリズム：沖縄の歴史・政治・風土から考える（1994 年度春季研究発表会　ワークショップ報告）」『マス・コミュニケーション研究』46，202-203。

上原こずえ（2013）「民衆の『生存』思想から『権利』を問う：施政権返還後の金武湾・反ＣＴＳ裁判をめぐって」『沖縄文化研究』39，127-158。

──（2014）「CTS をめぐる『不作為』という作為：県当局・革新与党内での『平和産業』論の揺らぎ」『地域研究』13，17-39。

江上能義（1996）「沖縄の戦後政治における『68 年体制』の形成と崩壊（上）」『琉大法学』57，1-22。

──（1997）「沖縄の戦後政治における『68 年体制』の形成と崩壊（下）」『琉大法学』58，9-28。

大門正克（2012）「『生活』『いのち』『生存』をめぐる運動」『シリーズ戦後日本社会の歴史 3　社会を問う人びと：運動のなかの個と共同性』（安田常雄［編］）岩

波書店。

大田昌秀（1975）「特集・沖縄のマスコミを考える　戦後沖縄の新聞興亡史：その戦国時代と離合集散の跡をたどる」『青い海』47，103-115。

大野光明・櫻澤誠（2013）「書評　櫻澤誠著『沖縄の復帰運動と保革対立：沖縄地域社会の変容』（含リプライ）」『Notre critique : history and criticism』5，31-45。

小野沢あかね（2000）「コザにおける特飲街」『KOZA BUNKA BOX』2，34-40（沖縄県立図書館所蔵（1006712408））。

——（2006）「戦後沖縄における A サインバー・ホステスのライフ・ヒストリー」『日本東洋文化論集』12，207-238。

——（2013）「米軍統治下沖縄における性産業と女性たち：1960〜70 年代コザ市（戦後地域女性史再考）」『年報・日本現代史』18，69-107。

加藤政洋（2014a）「コザの都市形成と歓楽街：1950 年代における小中心地の簇生と変容（＜小特集＞戦後沖縄の基地周辺における都市化の歴史地理）」『立命館大学人文科学研究所紀要』104，41-70。

——（2014b）「戦後沖縄の基地周辺における都市開発：コザ・ビジネスセンター構想と《八重島》をめぐって」『洛北史学』16，50-69。

我部政男（1975）「60 年代復帰運動の展開」『戦後沖縄の政治と法：1945-72 年』（宮里政玄［編］）東京大学出版会。

亀井正義（1970）「経済発展における導入外資の役割：沖縄における米日資本の実態」『調査と研究』1（2），93-114。

嘉陽義治（2007）「新聞記事を中心に見る特飲街へのオフリミッツ発令（1951〜52年）」『KOZA BUNKA BOX』3，46-57（沖縄県立図書館所蔵（1006712416））。

菊地夏野（2008）「A サイン制度のポリティクス：軍事占領期沖縄より」『戦争責任研究』59，58-68。

国場幸太郎（1962）「沖縄とアメリカ帝国主義：経済政策を中心に」『経済評論』11（1），110-129。

国立国会図書館調査及び立法考査局（1971）「沖縄における外資導入と『工業化』の進展」『沖縄復帰の基本問題：昭和 45 年度沖縄調査報告』所収，国立国会図書館。

櫻澤誠（2012b）「1950 年代沖縄における『基地経済』と『自立経済』の相剋（軍隊と地域）」『年報・日本現代史』17，143-177。

——（2012c）「石川・宮森小ジェット機墜落事件に対する補償問題の展開：戦後沖縄における人権擁護運動の転機として」『戦後社会運動史論②高度成長を中心に』（広川禎秀・山田敬男［編］）大月書店。

——（2013）「沖縄の復帰過程と『自立』への模索」『日本史研究』606，126-150。

——（2014a）「1960 年代前半の沖縄における政治勢力の再検討：西銘那覇市政の歴

史的位置（〈小特集〉戦後沖縄の基地周辺における都市化の歴史地理）」『立命館大学人文科学研究所紀要』104，71-103。

── (2014b)「沖縄戦後史研究の現在（特集 2014 年歴史学の焦点）」『歴史評論』776，52-62。

── (2014c)「沖縄復帰前後の経済構造」『社会科学』104，33-46。

島袋純 (2009)「沖縄振興体制で奪われた地域の主体性」『沖縄「自立」への道を求めて：基地・経済・自治の視点から』（宮里政玄［他編］）高文研。

── (2010)「沖縄の自治の未来」『沖縄論：平和・環境・自治の島へ』（宮本憲一・川瀬光義［編］），岩波書店。

高江洲昌哉 (2016)「（大山朝常資料所蔵）『軍関係雇傭者の賃金引上請願決議』（和文・英文）を中心にして沖縄現代史の分析視角を考える」『南島文化』38，113-127。

土井智義・徳田匡・成定洋子［他］(2015)「鼎談『沖縄研究』への展望：『理論』と『実証』の植民地的配分を越えて（特集 沖縄研究：理論／出来事の往還）」『言語社会』9，10-38。

戸邉秀明 (2008a)「沖縄教職員会史再考のために：60 年代前半の沖縄教職員会における渇きと怖れ」『沖縄・問いを立てる 2　方言札ことばと身体』（近藤健一郎［編］）社会評論社。

── (2008b)「『戦後』沖縄における復帰運動の出発：教員層からみる戦場後／占領下の社会と運動」『日本史研究』547，102-124。

鳥山淳 (2009)「占領と現実主義」『沖縄・問いを立てる 5　イモとハダシ』（鳥山淳［編］）社会評論社。

── (2011)「占領下沖縄における成長と壊滅の淵」『高度成長の時代 3　成長と冷戦への問い』（大門正克［他編］）大月書店。

中野康人 (2009)「社会調査データとしての新聞記事の可能性：読者投稿欄の計量テキスト分析試論」『関西学院大学先端社会研究所紀要』1，71-84。

波平勇夫 (2006)「戦後沖縄都市の形成と展開：コザ市にみる植民地都市の軌道」『沖縄国際大学総合学術研究紀要』9 (2)，23-60。

成田千尋 (2014a)「沖縄返還交渉と朝鮮半島情勢：B52 沖縄配備に着目して」『史林』97 (3)，42-82。

── (2014b)「2・4 ゼネストと総合労働布令：沖縄保守勢力・全軍労の動向を中心に」『人権問題研究』14，149-171。

町村敬志 (2006)「グローバリゼーションと地域社会」『地域社会学の視座と方法』（似田貝香門［監修］）東信堂。

宮里政玄 (2009)「『属国』からの脱却を目指して」『沖縄「自立」への道を求めて：基地・経済・自治の視点から』（宮里政玄［他編］）高文研。

参考文献および資料・インタビュー **223**

宮地英敏（2017a）「占領期沖縄における尖閣諸島沖の海底油田問題」『エネルギー史研究』32，107-127。

―― （2017b）「沖縄石油資源開発株式会社の構想と挫折：尖閣諸島沖での油田開発が最も実現に近づいた時」『経済学研究』84（1），35-56。

森啓輔（2015）「『人種化』から『統治される者』たちの共同性へ：現代沖縄の社会運動と統治性を考える（特集 沖縄研究：理論／出来事の往還）」『言語社会』9，39-57。

屋嘉比収（2005）「解説　いま，『未完の沖縄闘争』をどう読むか」『沖縄同時代史別巻 1962 ～ 1972　未完の沖縄闘争』（新崎盛暉著）凱風社。

山﨑孝史（2008）「USCAR 文書からみた A サイン制度とオフ・リミッツ」『KOZA BUNKA BOX』4，33-53（沖縄県立図書館所蔵（1004700603））。

―― （2009）「軍事優先主義の経験と地域再開発戦略：沖縄『基地の街』三態」『KOZA BUNKA BOX』5，24-49（沖縄県立図書館所蔵（1005164270））。

山城新好（1971）「外資導入：概念整理と沖縄の外資導入制度」『沖縄生産性』2（9），120-131。

吉次公介（2006）「戦後沖縄の『保守』に関する基礎的考察」『沖縄国際大学公開講座 15　基地をめぐる法と政治』（沖縄国際大学公開講座委員会［編］）東洋企画印刷。

―― （2009）「戦後沖縄『保守』勢力研究の現状と課題」『沖縄法政研究』12，151-161。

琉球銀行調査部［編］（1968）「沖縄経済と外資導入」『琉銀ニュース』112，1-28（沖縄県立図書館所蔵（1005476526））。

Kenneth O. Emary and Hiroshi Niino（1961）"Sediment of Shallow Portions of East China Sea and South China Sea", *Geological Society of America*, Vol. 72.

―― (1968) "Stratigraphy and Petroleum Prospects Korean Strait and the East China Sea", Geological Survey of Korea, *Report of Geographical Exploration,* Vol. 1.

Kenneth O.Emary et al.（1969）"ECAFE Committee for Co-ordination of Joint Prospecting for Mineral Resources in Asian Offshore Areas(CCOP)", *Technical Bullrtin,* Vol. 2, May.

［資料集・事典・雑誌記事・ルポルタージュなど］

川満信一（1983）「沖縄時報社争議」『沖縄大百科事典（上）』（沖縄大百科事典刊行事務局［編］）所収，沖縄タイムス社。

杉田一次（1969）「日本の安全及び防衛」『経営』3（4），22-23。

世界編集部（1969）「作文集 B52 と嘉手納の子供たち」『世界』279，133-152。

竹内宏（1996）「沖縄経済をダメにした霞ヶ関の犯罪」『This is 読売』6（12），44-

51。

玉城真幸（1983）「即時復帰反対協議会」『沖縄大百科事典（中）』（沖縄大百科事典刊行事務局［編］）所収，沖縄タイムス社。

高岡大輔（1971）「尖閣列島周辺海域の学術調査に参加して」『季刊沖縄』56，42-64。

照屋寛之・山城昌輝（1983）「沖縄県立青年学校教員養成所」『沖縄大百科事典（上）』（沖縄大百科事典刊行事務局［編］）所収，沖縄タイムス社。

東海大学（1971）「第2次尖閣列島周辺海底地質調査報告書」『季刊沖縄』56，1-83。

南方同胞援護会［編］（1970）『沖縄の産業・経済報告集：付録・関係法令ならびに資料』南方同胞援護会。

──（1972）『追補版沖縄問題基本資料集』南方同胞援護会。

日本新聞協会［編］（1970）『日本新聞年鑑昭和45年版』株式会社電通。

福木詮（1973）『沖縄のあしおと：1968-72年』岩波書店。

保坂広志（1983）「沖縄時報」『沖縄大百科事典（上）』（沖縄大百科事典刊行事務局［編］）所収，沖縄タイムス社。

山城義男（1994）「第三の日刊紙・沖縄時報始末」『沖縄の新聞がつぶれる日』（沖縄フリージャーナリスト会議［編］）月刊沖縄社。

山根安昇（1971）「『ヘルプ・ミー』物語：沖縄マスコミ労協闘争報告」『マスコミ市民』45，42-47。

琉球新報社［編］（2003）『〈最新版〉沖縄コンパクト事典』琉球新報社。

［著者紹介］

秋山　道宏（あきやま・みちひろ）

1983 年　沖縄県南風原町に生まれる
2006 年　東京都立大学法学部法律学科卒業
2008 年　首都大学東京大学院社会科学研究科博士前期課程修了
2017 年　一橋大学大学院社会学研究科博士後期課程修了
　　　　　明治学院大学国際平和研究所(PRIME)助手(～2019)
現　　在　沖縄国際大学准教授　博士（社会学）

著　書
『図説経済の論点』（共著）旬報社，2015 年。
『18 歳からわかる 平和と安全保障のえらび方』（共著）大月書店，
　　2016 年。
『沖縄戦を知る事典：非体験世代が語り継ぐ』（共著）吉川弘文館，
　　2019 年。
『地域研究へのアプローチ：グローバル・サウスから読み解く
　　世界情勢』（共著）ミネルヴァ書房，2020 年。
『つながる沖縄近現代史：沖縄のいまを考えるための十五章と
　　二十のコラム』（共著）ボーダーインク，2021 年。
『戦後沖縄の政治と社会：「保守」と「革新」の歴史的位相』（共著）
　　吉田書店，2022 年。

基地社会・沖縄と「島ぐるみ」の運動
──B52 撤去運動から県益擁護運動へ

2019 年 3 月 5 日　第 1 刷発行
2022 年 8 月 1 日　第 2 刷発行

著　者　　秋　山　道　宏
発行者　　片　倉　和　夫
発行所　株式会社　八　朔　社
東京都千代田区神田駿河台 1-7-7
Tel 03-5244-5289　Fax 03-5244-5298
E-mail : hassaku-sha@nifty.com

© 秋山道宏, 2019　　　　　　　組版・閏月社／印刷製本・厚徳社
ISBN 978-4-86014-091-5

──── 八朔社 ────

山川充夫・瀬戸真之 編著
福島復興学
被災地再生と被災者生活再建に向けて
三五〇〇円

川﨑興太 編著
環境復興
東日本大震災・福島原発事故の被災地から
二五〇〇円

福島大学国際災害復興学研究チーム 編著
東日本大震災からの復旧・復興と国際比較
二八〇〇円

鈴木浩 編著
地域計画の射程
三四〇〇円

大平佳男 著
日本の再生可能エネルギー政策の経済分析
福島の復興に向けて
三〇〇〇円

山川充夫 編
大型店立地と商店街再構築
地方都市中心市街地の再生に向けて
四二〇〇円

定価は本体価格です